?! 科学漫画　サバイバルシリーズ

微生物のサバイバル 1

（生き残り作戦）

かがくるBOOK

微生物のサバイバル 1

文：ゴムドリco.／絵：韓賢東

はじめに

地球上には70億人を超える人間が暮らしていますが、それよりはるかに多く存在しているのが、微生物です。微生物とは、その名の通りとても小さな生物のことで、主に大腸菌などの細菌、カビなどの菌類（真菌類）、アメーバなどの原生動物の総称です（ウイルスを含めることもあります）。私たちは微生物についてあまり知りません。微生物を研究している学者でさえも、微生物について解明できていない部分がとても多い状況なのです。

微生物の世界がこんなにもミステリアスなのは、長い間、小さ過ぎて直接観察することが出来ず、顕微鏡で見られるようになってからまだ350年ほどしか経っていないからです。17世紀にオランダのレーウェンフックが顕微鏡で初めて生きた細菌を発見しましたが、その後も、微生物について詳しいことはよく分かっていませんでした。19世紀中盤以降、パスツールやコッホなど優れた学者が研究を重ねた結果、微生物によって、ブドウが発酵してワインが出来たり、食べ物が腐るという事実が明らかになったのです。

カビや酵母、細菌（バクテリア）などの微生物の活動によって、人間や動植物が伝染病にかかることが分かり、その病気を治療する方法も研究されるようになりました。また、青カビによってペニシリンが開発されて以降、カビや放線菌から抗生物質が作られ多くの人々の命を救えるようになりました。現在も微生物についての驚くべき研究成果が次々と発表されています。

我らのサバイバルキング、ジオは、今度は微生物の世界に飛び込みます。微生物研究所のチョウ助手がノウ博士に内緒で、ヒポクラテス号に乗り込み、ジオを巻き込んでしまったのです。ナノサイズに小さくなったヒポクラテス号は、空気中のカビの胞子につかまりあちこち漂います。チョウ助手は顕微鏡なしに微生物の世界を見ることができることに興奮して、探検を強行してしまいます。それに気付いたケイが微生物研究所へと駆けつけますが……。

果たしてジオたちは、微生物の世界から無事に戻ってくることが出来るでしょうか？

みなさんもぜひ応援してください！

ゴムドリco.　韓賢東

目次

登場人物

本当にカビの研究で
世界が変わるの？

ジオ

探検と聞くと黙っていられないタイプだが、
今回ばかりは強引なチョウ助手の行動にためらう。
しかし、微生物の研究でノーベル賞も夢じゃないと
聞き、新しい微生物の発見に積極的になる。

広大な宇宙のような
世界を探検しないなんて
もったいない。

チョウ助手

「大腸菌」とあだ名を付けられるほど、カビや微生物の研究に
没頭する、ケイの先輩。カビの菌糸に攻撃されても、
カビへの称賛を忘れないほどの微生物マニア。
高価なマツタケを手土産にノウ博士の研究室を訪れるが、
真の目的は別にあるようだ。

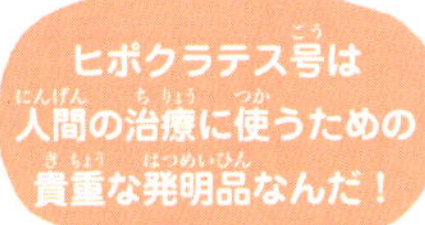

ケイ

せっかくの休日が、訪ねて来たジオとチョウ先輩のおかげで台無しに。以前ヒドい目に合わされたので、チョウ先輩を警戒している。しかし、マツタケのお土産に浮かれたスキにヒポクラテス号が消えてしまい、体を張って探し回る羽目になる。

今度のサバイバルの
主人公は私たちよね、
テリー？

ジュリ

ナイトサファリでジオやケイと共にサバイバルを経験した、ケイの後輩。チョウ先輩の頼みを聞いたり、ペットの治療に微生物研究所を訪れただけかと思いきや、実はもっと深いかかわりが……？

ノウ博士

医師であり、天才発明家でもある。自分の研究室にこれまでの発明品を展示している。問題は発明が特殊過ぎたり、整備不良のまま置いてあること。人体を探検したヒポクラテス号が、再びジオのサバイバルに使われるとは夢にも思っていなかったようだ。

1章（しょう） マツタケの誘惑（ゆうわく）

誰がヒマだと？　僕はお前みたいに
毎日遊んでるワケじゃないぞ。
スゴく忙しいんだからな！
分かったから、興奮しないでよ。
落ち着いて〜！

あれ？
あのおじさん、
あんな所で
何か探し物
かな？

今日は誰もいないハズだぞ？
ノウ博士が外出してるから、
お客もないし……。うん？
クル

あの後ろ姿はどこかで
見たような？
ジーーッ
ケイの
知ってる人
なの？

ウ〜ン、
誰だっけ？
ボサボサ頭に、
年季の入った
リュック……。

ゲッ、
あれは！
ザザッ
誰？

クル
うん？
ヒョイ
おお～。ケイじゃないか！
本当に大腸菌?!
あ、いや、チ、チョウ先輩！
え？大腸菌？
そうそう。俺だよ。久しぶりだなあ！
ハハ
チョウ先輩はここで何を？
ガシッ

どこに行ってたんだ？
研究室にいなかったから
探したんだぞ。
アイスを食べに行ってたのか。
最近はずいぶんヒマ
なんだな。
いや、
それはこの
ジオが……。

何で僕が言いワケ
しなきゃいけないん
だよ?!
チッ
パク

ジオ？
ペコ
うん。
ジオって言うんだ。
ケイの先輩なの？

ところで、
ダイ・チョウキンって
言う名前なの？
エヘヘ
おい！

あ、
ああ！
大腸菌を研究している
チョウ・キン先輩だ！
ガバッ
ウグ……。

ハハ
ニヤリ
大腸菌だけじゃないぞ。
微生物なら何でも研究してる。
微生物は知れば知るほど
スゴいヤツらなんだ！

微生物
って？

微生物とは、
目には見えないほど
小さな生物のことさ。
肉眼で見えるのはせいぜい0.1mm
ほどだが、微生物はそれより小さい。
だから微生物の世界は
ミクロの世界とも言うんだ。

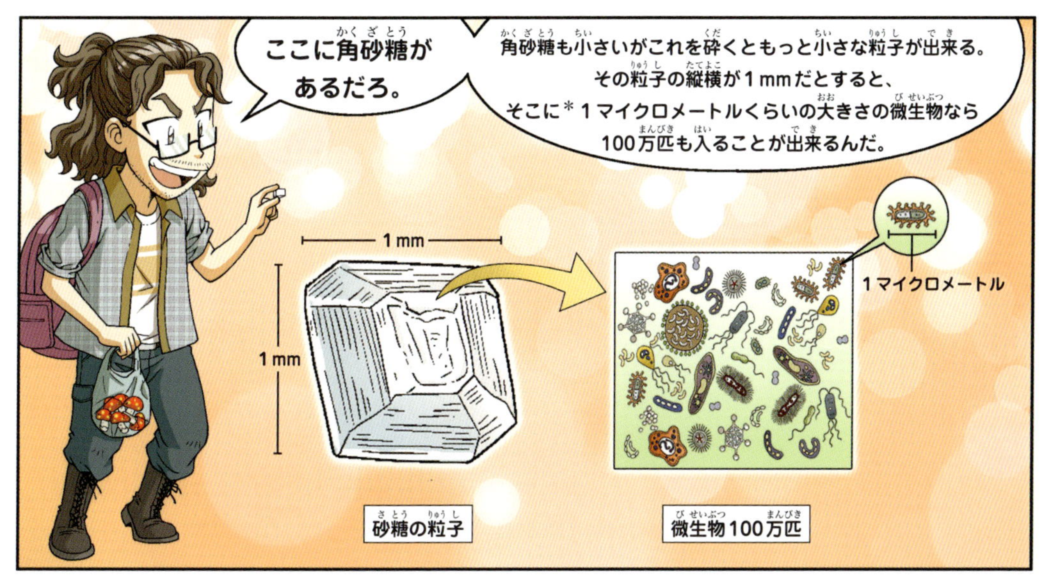

＊1マイクロメートル＝0.001mm

ところで先輩、今日は何の用ですか？　微生物研究所にいるハズなのに。
あ！

ああ、久しぶりにノウ博士に会いに来たんだ。手土産にキノコも持ってきたんだぜ。

これ、毒キノコじゃないの？　色が派手なのは毒があるって聞いたよ。
ああ。よく知ってるな。

だが、毒があるのは派手な物だけじゃない。地味な色でも毒キノコの場合がある。
毒を持つ
クサウラベニタケ

まさか、ノウ博士にコレをあげるの？
もちろん違うさ。

ノウ博士は外出中で……。
ハハ
突然訪ねて来るなんて、何か変だぞ？

博士への土産はコレだ！
ガサッ

ウワ～！
俺が採って来たんだぞ！

これ、スゴく高いんでしょ？
マツタケじゃないですか！
ワアッ

高いとも！
マツタケは松の木の根元に生えて、
松の栄養を吸って育つんだ。
今のところ、人工的に栽培することが
出来ないキノコなんだ。

じゃあ、これを
みんなで焼いて
食べよう！
え？
サッ

いい香り～。それに食感もいいし
健康にもいいから、誰もが
大好きなキノコなんだ！
クンクン

あ！
博士が
いないん
だった……。
ピタ

ワア、
スゴいや！
美味しそう！

ここじゃ何だから、
部屋に行こうぜ。
ザッ

ホラホラ～、研究室も
案内してくれよ。
ウグ
ち、
ちょっと！

ドン
キョロ
キョロ
ヘエ、
こんな研究室
なのか。

スゴい発明品が
いっぱいあるって
聞いたぞ！　みんな
ココにあるのか？
クル
ええ。

いつ頃帰って来るか、ノウ博士に電話してみよう。

イ、イヤ。実はさっき電話したんだ！
バッ

みんなでマツタケを食べようって言ったら、喜んでたぞ。
本当に？

ああ。終わったらすぐに戻るから、準備しておいてくれって。
本当？ヤッタ、食べられるんだ！
アセ
アセ
フム

じゃあ、早速買い物に
行くか。
焼くなら
炭が必要だな。
もう準備を始めた方が
いいんじゃないか？
アセアセ
ケイ、
僕も行くよ！

ノウ博士の研究室は初めて
なんだ。案内してくれよ。
僕が？
ポリ

待った！ 俺を
１人にするなよ〜。

チョウ先輩が変なことしないか、
見張っておいてくれ。
え、
変なことって？
ヒソヒソ
ハハ。
頼むぞ〜。

そ、そんなこと
ないよ！
ああ。ジオがついて来たら、
何が起こるか
分からないからな。
１人で行ってくる。
チェッ

キィッ

バタン
ニヤッ

関係者以外立ち入り禁止
ささ、
見学に行こうか。
スゴい発明品が
たくさんあるん
だろ？
クル
あ、ああ。
それならあの部屋
に……。

どれどれ～？
サザッ

バタン
ああっ。
勝手に入ったら博士に
怒られちゃう！

＊ナノ：10億分の１を表す単位で、nという記号を使う。

ニヤッ
フッ。
かかったな！

おお〜、これが
ヒポクラテス号か！
これがその
ヒポクラテス号
なんだ！
エヘン

へえ〜！
ノウ博士と人体を
探検した少年って、
ジオのことだった
のか！
ヘヘヘ
ウン！
結構、有名人
なんだよ！

ゴソ
ゴソ

これが
ナノサイズまで
小さくなるとは！
ス、
スゴい！
ジ〜ン

僕がピピの体の中に入って大活躍したんだよ。
病気を発見して治療したんだ。
フフ
うわーっ

今思っても、あんなに小さくなるのは危険だったと思うよ……。
うん？

ああっ！
クル

ヨイショ
降りてよ。危ないじゃないか！
アワワ

早く降りてよ！ノウ博士にバレたら怒られるよ！？
ちょっと乗ってみるだけさ。こんな機会はめったにないだろ？
ワク
ワク

ジオ！新しい世界を探検してみたくないか？
ダメだよ。勝手に触っちゃ！

早く降りてったら！
グイ

ガツッ
ギャ！

ピカッ
バタン

それじゃあ、本当の探検に出かけるとするか。
ガチャ
ハハハー！作戦成功だ！
またちっちゃくなっちゃった！
アア〜ッ

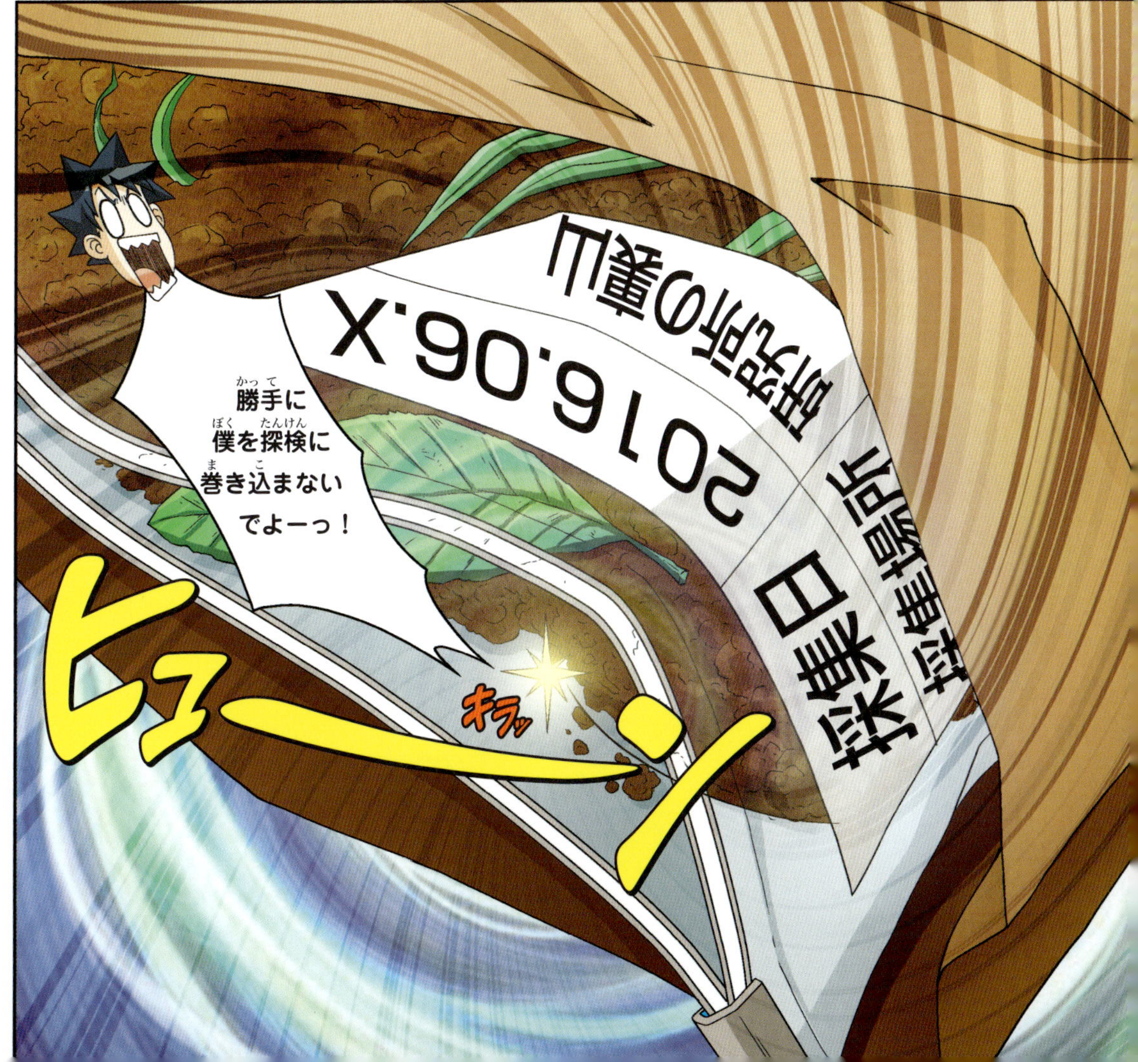
採集場所
採集日
2016.06.X
研究所の裏山
勝手に僕を探検に巻き込まないでよーっ！
キラッ
ヒューーン

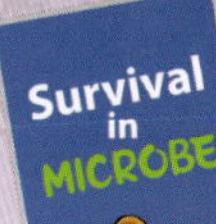

微生物とは？

肉眼では見えない、小さな生命体

微生物は小さいことを表す「微」と「生物」から出来た言葉で、細菌や菌類など目に見えないほど小さな生物の総称です。カビも微生物の仲間ですが、肉眼で見ることが出来ます。これは小さな微生物が集まって塊を作っているからです。

あまりに小さくて１つ１つ見分けることは出来ませんが、空気中や土の中、水の中以外にも、口の中や手のひら、足の指の間、爪の中、曲がりくねった腸の中など人の体内にも数多くの微生物が存在します。それどころか南極の氷河や深海の底から吹き出て来る噴火口など、普通の生物には耐えられない極限環境にも様々な微生物がいるのです。微生物はこのような強力な生命力で繁殖し、現在地球上のどんな生物よりもたくさんいるのです。微生物の中には、病気を引き起こす有害なものもいますが、動物の死骸や汚染物質を分解したり、薬の原料になったりするなど、人間にとって有益なものもいます。

微生物が最初に酸素を増やした

約45億年前に地球が誕生してから、かなり長い間地球の大気には酸素がほとんどありませんでした。そんな中、約27億年前に深海でシアノバクテリアと言う光合成をする微生物が登場しました。そしてその数が爆発的に増え、地球の酸素濃度が高くなりました。その結果、地球上には、酸素を呼吸する生物が出現して、生物の進化が促されました。現在の地球の生態系を作ったのは微生物だったと言えます。

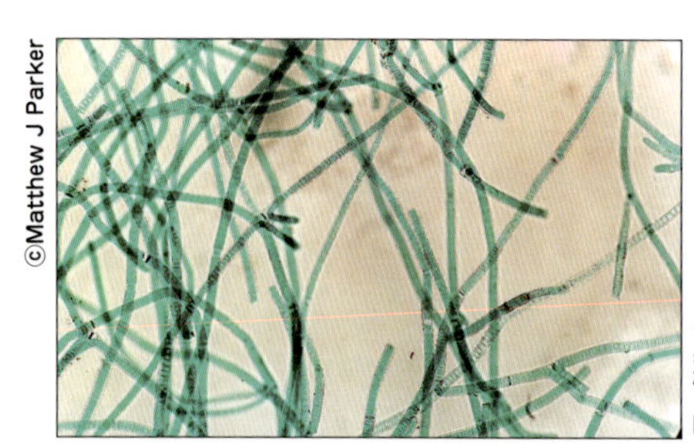

©Matthew J Parker

シアノバクテリア　光合成する単細胞生物で、川や極地方、砂漠など様々な場所にすむ。藍色細菌とも呼ばれる。

代表的な微生物

微生物は一般的に、大腸菌などの細菌（バクテリア）、カビなどの菌類（真菌類）、アメーバなどの原生動物のことを言います。ウイルスは、生物と無生物の境界に位置すると言われ、微生物に含まれたり含まれなかったりします。

カビ
菌類で動植物に寄生して生きており、暗く湿った環境を好む。長い糸状の菌糸の先に胞子嚢が付いた形態をしているものが多い。

細菌（バクテリア）
他の生物に依存して栄養分を得ているものがほとんどだが、自ら養分を作り出すものもいる。破傷風、コレラなどの疾病を起こすものもいるが、乳酸菌のように有益な細菌もいる。

キノコ
菌類で、根の様な部分は菌糸が固まった菌糸体と言い、カサの裏側には胞子が入っている。

酵母
菌類で、果物の皮などに付いていて、糖分を食べてエタノールや二酸化炭素を排出する。体の一部が離れて行く出芽法で繁殖する。

ウイルス
ウイルスは平均的な細菌の10～200分の１の大きさで、非常に小さい。自力では生きられないため、他の生物の細胞の中に寄生しインフルエンザやはしかなどの疾病を起こすものが多い。

原生生物
クロレラや藻などの単細胞緑藻類やゾウリムシ、アメーバなどのように動いてエサを食べる原生生物に分類される。ほとんどが水中にすんでいる。

2章(しょう)
新(あら)たな世界(せかい)との出合(であ)い

エエッ？
ここは一体
何なの……?!
バ
バン
土の中さ！
俺が採集して袋に入れて
持って来たんだ。

土を採集して
来たの？
ああ。土の中には場所に
よっていろいろなヤツが
いるからな。

土の中のヤツって、
虫とかモグラ
とか……？
ガサガサ
ゴソゴソ
ウー
いや、
それよりは
ずっと
小さいぞ。

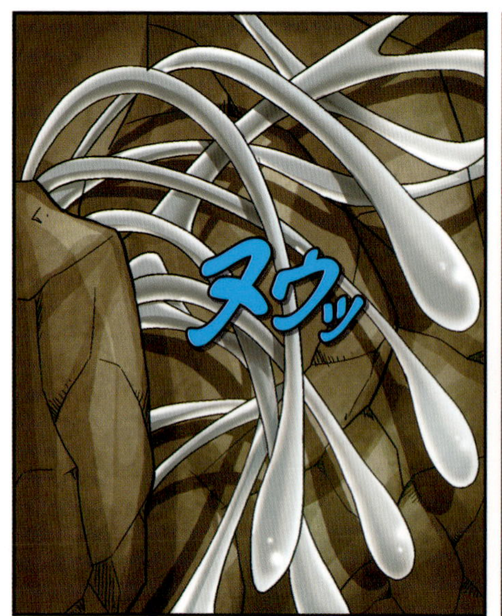
ヌウッ

ウゲッ！
ニュル
ニュル

顕微鏡なしに、こいつらを見れるなんて～！
キラキラ

あの、ミミズみたいなの何？
クー
カビの菌糸だよ。

ああ本物のミミズはあそこに……。
ハハ
あれがカビなの？

フンを残して
行ったんだ。
ハハ。
ゲッ！
これがフン
だって？

あの小さい
ミミズのフンが
こんなに大きく
なってるの？!
エエ〜ッ
それだけ小さく
なったってこと？

微生物の大事な役割は、動植物の排せつ物や死骸を
分解して土に戻すことだって知ってるかい？

ミミズの体内から
出た土は、微生物が
好むエサになる。
養分が豊富で柔らかい
土だから、菌糸を伸ばして
成長するのに
適してるんだ。
胞子
土
胞子が土の上に
落ちる。
菌糸が根のように
広がる。
養分を吸収して
新しい菌類が生える。

あ、うん。聞いたことがあるよ。
自然の循環だって……。
植物が育つ。
草食動物が植物を食べる。
肉食動物が草食動物を捕って食べる。
死骸や排せつ物が出来る。
微生物が分解する。
土壌に吸収され、植物の養分になる。
自然界の循環過程

ヘエ。結構よく知ってるな。
いや、これくらい常識だよ～。

もし、土にカビのような微生物がいなければ、地球は滅亡するハズだ。

すぐに地球はフンや死骸で覆われるだろうからな。
ゲッ
ま、まさか……。どこかに捨てられないの？

いや、本当に場所が足りなくなるかも……。
助けて～。
タラッ

グラッ

何てありがたくて可愛いヤツらだ！
こいつらがいなきゃダメなんだよ～。

スーーッ
ハハ、まさか～。
僕らも分解されちゃうんじゃない？
ススッ

ヒューーッ

そうするか？
早くココから出ようよ。
ガチャ
捕まったらマズイからな。
ウーー

ミミズに似てるけど、クモの巣のようにも見えるなあ……。土の中にこんな微生物がいるなんて。

ハハ。彼も、今のジオみたいに驚いただろうな。
彼って誰のこと？

17世紀に顕微鏡で微生物を発見した最初の人物、アントニ・ファン・レーウェンフックのことさ。
アントニ・ファン・レーウェンフック

フフフ
今日は何を観察しようかな？

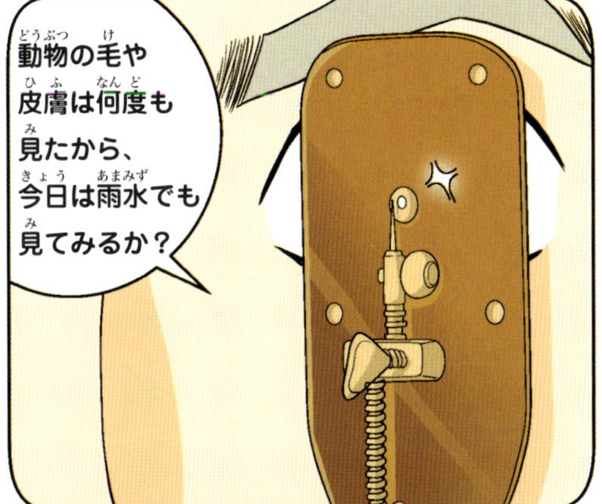
動物の毛や皮膚は何度も見たから、今日は雨水でも見てみるか？

ギョッ
何だ？この小さな生き物は！雨水の中を泳いでいるぞ?!

それまで、誰も微生物の存在を知らなかったから、さぞかし驚いただろうな。
何と、シラミの目の1000分の1ほどしかない微生物もいたのです！
ザワ
ザワ
エエッ？まさか！

この小さくて偉大な生物がすむ、広大な宇宙のような世界を探検しないなんてもったいない。
微生物はそれほど小さいんだ。それなのに、今俺たちは顕微鏡も使わないで、この目で見てるなんて！

待て！
ガシッ

どうだ？ ジオ。感動的だろ？
イイヤ。別に。もう帰ろうよ！
フン

ま、待てったら！
ワケを言わないなら、帰るよ！ 放して！
グイグイ
フラフラ

それは……。いろいろあるんだ！
な、何で？
ギョッ
へへへ

ヨイショ

買い過ぎたかな？
ウ～、重い。
ドサ

ところで、ジオとチョウ先輩はおとなしくしてるだろうな？
クル

いやいや、せっかくマツタケを食べるんだから、ちゃんと準備しなきゃ。

ケイ先輩！いたのね？

お、ジュリか？
グイ

どうした？
突然来るなんて。
キョトン
チョウ先輩に
頼まれたのよ。

ノウ博士の研究室に
忘れ物をしたから、
微生物研究所に持って
行ってくれですって。
ハ〜

チョウ先輩が？
今、研究室にいるハズ
だけど。
エ〜？
さっき、
確かに研究室に忘れて
来たって言ったのよ？

どういうことだ？ ここで
ジオと一緒に……。
ガチャ

シーン
あれ？
2人ともどこに
行ったんだ？

ジオに
かけて
みよう。
ピッ ピッ

そんなハズないさ。
博士とマツタケを食べるって
喜んでたのに。
電話にも出ないわ……。
帰ったんじゃないの？
ピリリリ

ピリリリ
関係者以外立ち入り禁止
あの部屋から
聞こえるわよ？

あれ……？
ピリリリ
関係者以外立ち入り禁止
あら？

何だ？
ジオのヤツ、携帯を
置いてどこに
行ったんだ？
これ、
ジオの携帯
なの？
ピリリリリリリ

ガチャ

あ、あれが
忘れものね。

先輩。私、
とりあえず
持って行って
くるわ。
ガサッ

変だな。
何であれがこの部屋に
あるんだ？
そうね……。

早く動物園に戻らないといけないの。
チョウ先輩がいたら、
言っておいてね。
あ、
ああ。

研究室を見学したいって
言ってたから、どこかを
見てるのかな？
ガチャ
フウ

ピリリリ
ノウ博士
090-××00-×0×0

あ、
博士！
セミナーは
終わったん
ですか？

ああ。今終わったんじゃ。
変わったことはないか？
ハハハ
ワィワィ

ええ。
早く帰ってきてくださいね。
マツタケと焼肉の準備を
してますから。

マツタケじゃと？
買って来たのか？
ウン？

僕じゃなくて
チョウ先輩ですよ。
先輩が博士に
お土産だって
持って来たん
です。
へへ

え、
チョウ君が
来たじゃと？
土産まで持って？
キョトン
え？
さっき先輩と
話したんじゃ
ないん
ですか？

クル

すっ
何だ、
こりゃ？

ノウ博士
すみません！
必ず返します。
チョウ・キン
え？
まさか！
ハッ

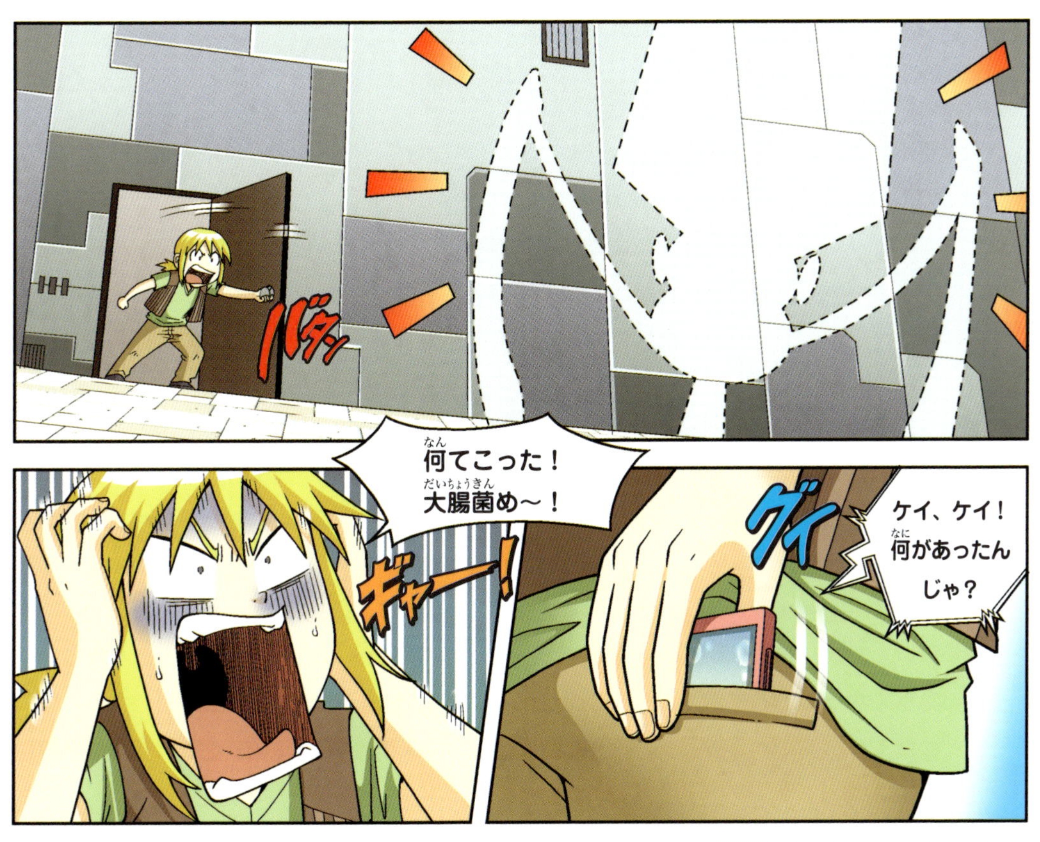
バタン
何てこった！
大腸菌め～！
ギャー！
グイ
ケイ、ケイ！
何があったん
じゃ？

ダダダダッ
見つけたら
タダじゃ
おかないぞ！

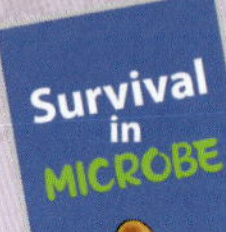

真菌類とカビ

真菌類とは？

カビやキノコ、酵母などは菌類（真菌類）と言います。光合成をして栄養分を作り出す植物や、他の動植物を摂取して栄養分を得る動物と違って、菌類は、自分で栄養分を作り出したり、探し出したりすることが出来ません。主に他の生物に寄生して暮らしています。

代表的な菌類、カビ

カビは菌類の中でも代表的な生物です。カビを拡大してよく見ると、ヒモのようなものの集合体になっています。ヒモのようなものを菌糸、菌糸の集合体を菌糸体と言います。菌糸は枝分かれして、成長に必要な栄養分を吸収します。そして胞子をばら散いて繁殖します。カビは光合成せず、主に暗くてジメジメした場所で他の生物に寄生して生きるのです。カビが育つのに最適な温度は25～30℃、湿度80％以上だと言われていますが、5～8℃の冷蔵庫の中や45℃以上の高温でも生きられるものもいます。

様々な場所にすむカビ

©Anetlanda

古くなった食べ物
食べ物を湿度の高い室内に出しっぱなしにしておくと、カビが生えやすい。

©Urbans

湿気の多い壁
湿度が高い家は、壁などにカビが生えやすいので、頻繁に換気が必要だ。

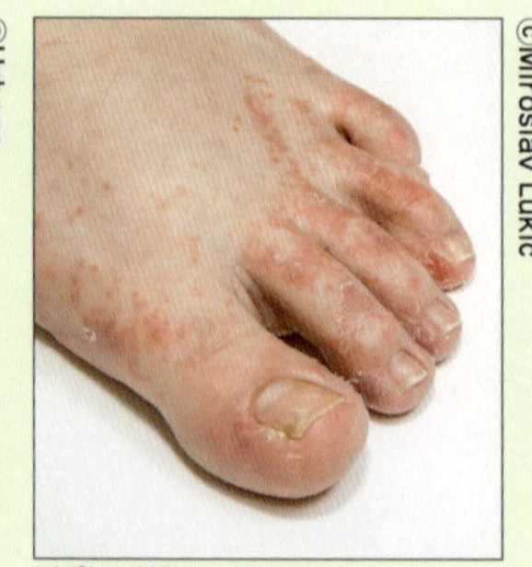

©Miroslav Lukic

人間の体
足の指の間や耳の中などはカビが繁殖し、病気になりやすい。水虫もカビの１種。

カビの繁殖

カビは種子の役目をする胞子を使って繁殖します。胞子嚢から飛び出した胞子が空気中を漂って、暮らしやすい場所に定着した後、菌糸を伸ばして他の生物や有機物の栄養分を吸収して新しいカビが育ちます。菌類のうち、キノコやカビはこうして菌糸や胞子で繁殖しますが、酵母の場合は菌糸がないので体の一部がふくれて離れていく出芽法で繁殖します。

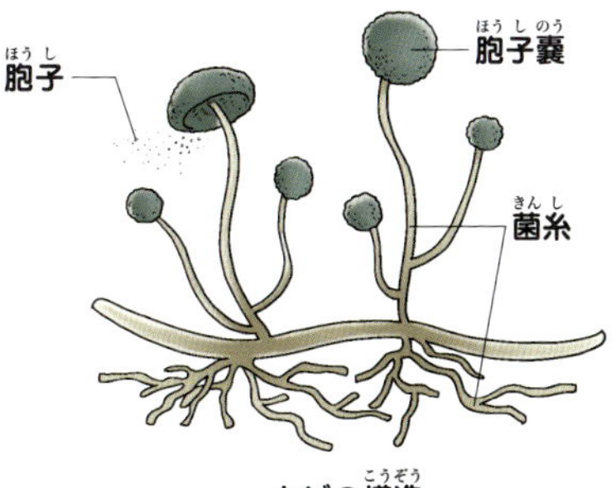

カビの構造

カビは分解のマジシャン

死んだ動植物は時間が経つと、自然に腐り始めます。動植物は腐って土の養分になり、その土からまた他の生命体が育つと言う、生態系の循環が起きます。このようなことが可能なのは、カビなど微生物のおかげなのです。ひと握りの土の中には数10種のカビがすんでいて、このカビが動植物の死体や排せつ物に付いて菌糸を伸ばすと、有機物を吸収しやすい形に変える酵素を分泌して分解します。これが腐るということです。地球の掃除屋のカビがいないと、私たちの周囲には動植物の死骸や排せつ物がそのまま残ってしまい、生態系の循環も行われなくなってしまうのです。

キノコも微生物なの？

キノコは目に見えるほどの大きさなのに、なぜ微生物なのでしょうか？

キノコは植物だと思われがちです。実は、キノコの本体もカビと同じように目に見えない菌糸で、それが集まったものとして目に見えています。ちなみに、普通みなさんがキノコと呼んでいる、カサと柄のある部分は、子実体と言って、菌糸がぎっしり集まった部分で、ヒダで胞子をつくります。

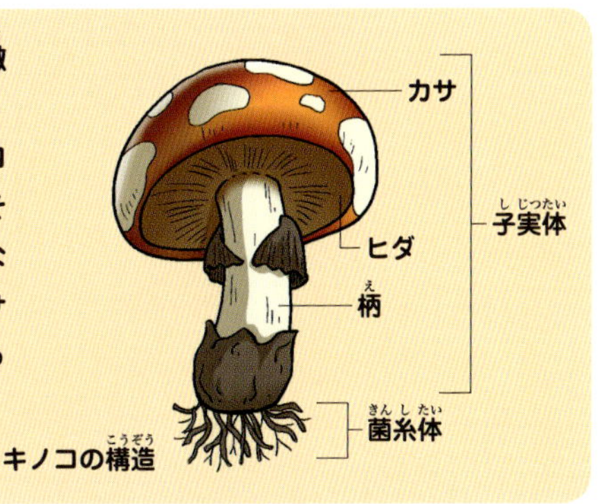

キノコの構造

3章
カビの胞子に乗って

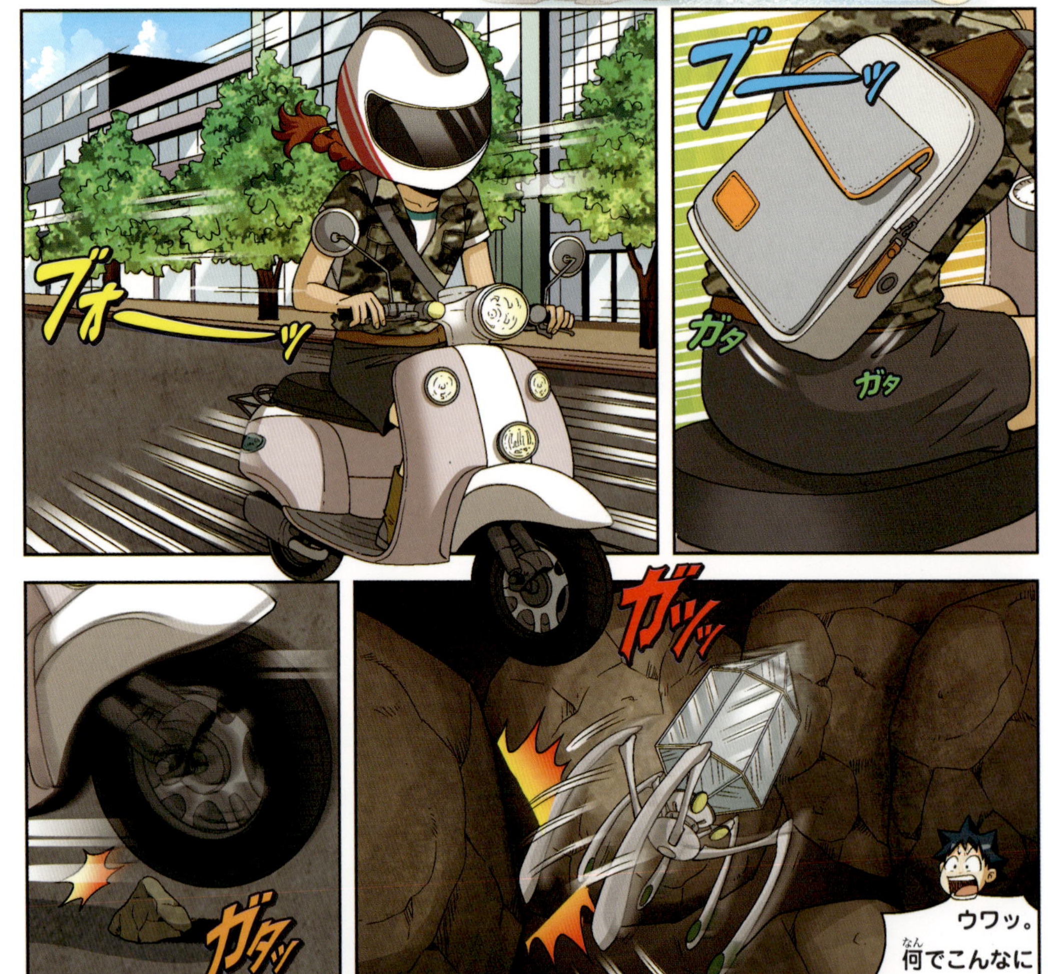

ハハ。いいぞ、ジュリ。俺の言う通りにやってくれたな！
エッ
え？ジュリが来たの。何で分かるの？

まさか、土の袋ごとどこかに運ばれてるの？

微生物研究所だ！ 俺がジュリに土の袋を運んでくれって頼んでおいたんだ。
フフン
もしかして、何か企んでるの？

博士の許可もないのに、こんなことしちゃダメだよ。危険じゃないか！
ガッカリ
何だ。お前もケイと同じで意気地なしなのか？
サバイバルを経験してるなら、もっと大胆なヤツだと思ったのに……。

そ、そうじゃなくて……。
い、意気地なしって……。

僕は何回か乗ってるけど、小さくなるのは本当に危険なんだよ！　故障でもしたら……。
ワワッ
平気、平気！ノウ博士がちゃんと故障対策を考えてるハズさ。

ウウ〜。この先輩、まったく！

ブオーーッ

ブラン

グラッ
ウワッ。土が崩れる！埋まっちゃうよ！

心配するな、ジオ！
グイ
ヒュン
ヒュン
ヒュン
だが、ここは微生物が豊富な土の中だから、崩れることはないぞ。
エエッ？

ほら、見てみろ。カビの菌糸が土の粒をくっ付けているだろう？
本当だ。だから崩れて来ないんだね！
ミッシリ

微生物の世界はスゴいだろう？ジュリが微生物研究所に着いたら、もっと面白い探検が出来るぞ！
ピッ
最初からそれが目的だったんだね？
ダメだ。話に乗ってしまいそうだ！

ジオ～！　これは、おまえにとってスゴいチャンスなんだぞ。
スリ
スリ
何の？

ダメだよ。早くノウ博士の所に戻らなきゃ！
フン

この地球上にどれだけの微生物がいるか知ってるか？
知るもんか。興味ないよ！

当然だな。俺も知らないんだから。
フフ
え？　微生物を研究してるのに？

ああ。そうさ！

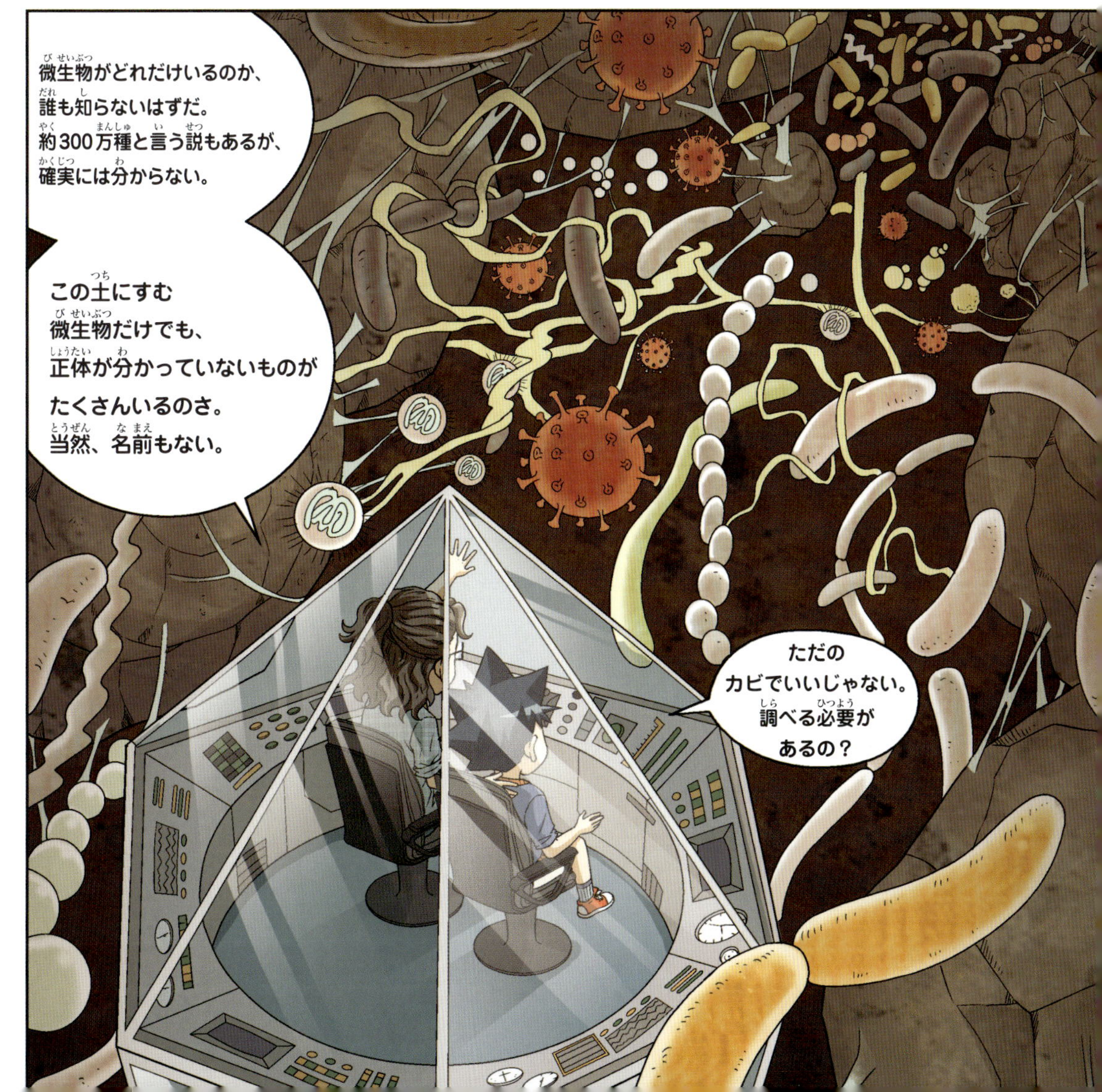
微生物がどれだけいるのか、誰も知らないはずだ。約300万種と言う説もあるが、確実には分からない。
この土にすむ微生物だけでも、正体が分かっていないものがたくさんいるのさ。当然、名前もない。
ただのカビでいいじゃない。調べる必要があるの？

ココにいるのはカビだけじゃないぞ。いろいろな細菌もいる。
一口に微生物と言っても、いろいろな種類があるのさ。

同じ人間でも、俺とジオが違うようにな。
シラー
へ～。そうなんだ。

あいつらの正体を明らかに出来たら、世界を変えられるのになあ……。
ウ～ム
微生物の研究で世界が変わるって？オーバーだなあ。

ああっ。現れたぞ！
パッ
な、何が!?

あいつらを見てみろ！

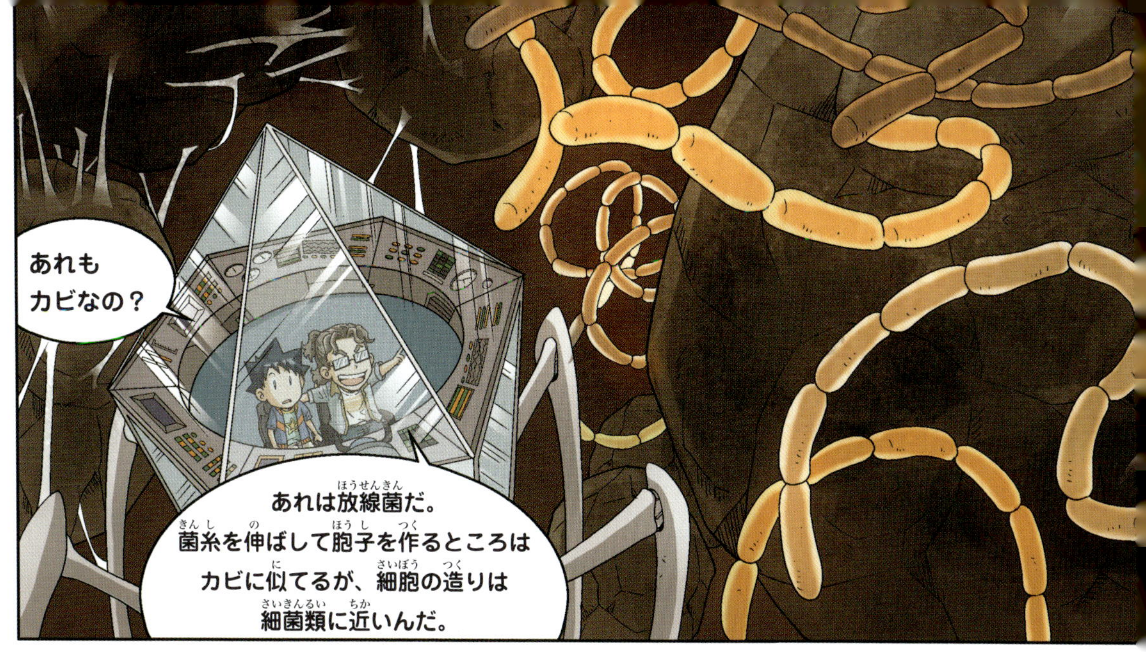

あれもカビなの？
あれは放線菌だ。
菌糸を伸ばして胞子を作るところはカビに似てるが、細胞の造りは細菌類に近いんだ。

ホラ～。この放線菌の臭い、いい臭いだろ～？
クンクン
細菌から臭いがするの？

よく土の臭いと言うが、本当はこの放線菌の臭いなんだ。
ゲッ
じゃあ、土の臭いは細菌の臭いなの？

ヒヒヒ
換気システムはどこだ？　もっと臭いを取り込もう！

これか！

ゴーーッ
ああ、
この臭い知ってるよ！
山に行ったら、よく嗅ぐ
臭いだ！
クンクン

ゲオスミンは放線菌が水中で
有機物質を分解する時に出来るもので、
まれに水道水からこの臭いが
することもある。
ああ。これは放線菌が
作るゲオスミンと言う
物質の臭いなんだ。
水道水の
カビ臭
藻が大量
発生した湖
雨に
濡れた土
ゲオスミンの
臭いがする所

やっと分かったようだな。
俺たちが微生物の
世界を探検するのは、
人類の未来に必要な
ことだって。
サッ

ヘエ〜、
そうなんだ！

それに新しい微生物を発見すると、歴史に名前が残せるぞ！
え、本当？　僕が？

そう言われると、そんな気が……。
ウ〜ン

ああ、最初の発見者だからな。もし、ジオが発見した微生物から新しい抗生剤が出来たら、ノーベル賞も夢じゃないぞ！

この微生物を発見したジオ君に、ぜひノーベル賞を！
この新種のバクテリアはスゴいんじゃ。新しい抗生剤の原料になるんじゃ！
パシャ
パシャ
ノーベル賞か～！
ワー

どうだ？
これで微生物の
世界を探検したく
なっただろう？
本当言うと、
最初から探検
したかったんだ！

それに、
ヒポ号の操縦も
任せてよ！
ハハ。
いいな、
頼もしい
ぞ！

キィッ

チョウ先輩～！
採集袋を持って
来たわよ。
ガチャ

シ――ン

キョロ
キョロ
誰も
いないの？
本当に、まだ
ノウ博士の研究室
なのかしら？

もう知らない！
机の上に
置いておけば
いいわよね？
ガサッ

ドン
ゴン

サッ

やっと
動かなく
なったよ。
フゥ
どうやら
微生物研究所に
到着したらしいな！

まずは袋から出るとするか！
よ〜し、出発だ！
ウン、出発！

あっ！

ま、待って！

ピタッ
どうしたんだ？

袋の外に出たら、ヒポ号が元の大きさに戻っちゃうよ。紫外線に10秒くらい当たると自動で元に戻るようになってるんだ。
何だと？じゃあ、もう小さくなれないのか？
ギクッ

そんな仕組みに
なってるとは
知らなかった～。
絶好の
チャンス
なのに！
ガリ
ガリ

もう１度
小さくなるのは、
研究室なら
出来ると思う
けど……。
ハ～

やっぱり、
ノウ博士に話して
から……。
そ、それは
ダメだ！

何で？　世界を
変えるチャンス
なんだから、
許してくれると
思うよ？
研究室に行く以外に
方法はないのか？
ここでまた小さく
なる方法は。
キョトン

ゲッ
もう遅いよ。紫外線が入って来ちゃった！

あっ！

ほ、本当だ！

よせー。やめろー！
ギャー
もう10秒経つのに、何で大きくならないのかな？
アレ？
自動で戻る機能を取っちゃったのかな？

え？ 大きくならないのか？じゃあ、このまま探検出来るんだな？
多分そうみたい。
まだ袋の中だけどね。

ヤッタ〜！いいぞ、いいぞ！
ピョン

バタン
チョウ先輩！いるんでしょ？ジオ！早く出て来い。
ハァ ハァ
ど、どうして?!
ドキドキ
誰か来たみたいだよ？人の声がする！
まだココにいるんだな？
フフフ
ビクッ

そこにいるのは
分かってるんですよ。
ジオ、お前もな！
キラッ
グイ

ここで捕まる
ワケにはいかない。
まだ探検はこれから
なんだから！
ケイだ！
僕らがこの袋の中に
いるのを知ってる
みたい。
グッ

ボワッ
あ、
あれは！
え？

とりあえず、さっさと
外に出よう！
じゃあ、
どうするの？

ガサ
ガサ
2人とも、
さっさと出て来い！
あれは何？
急に膨らんできた
みたいだけど……。

ヒュン
パッ
ウワーッ！
グイ
ヒューン

微生物を研究する人びと

生きている微生物を最初に観察したレーウェンフック

オランダのアントニ・ファン・レーウェンフック(1632〜1723)は、レンズ磨きが趣味で、独学で顕微鏡を作り、いろいろな物を観察しました。レーウェンフックが作った顕微鏡の性能は優れていて、約270倍まで拡大出来ました。ある日、顕微鏡で雨水を観察していたレーウェンフックは、水の中に虫のように動くとても小さな生命体を発見しました。人類で最初に生きている微生物を観察したのです。

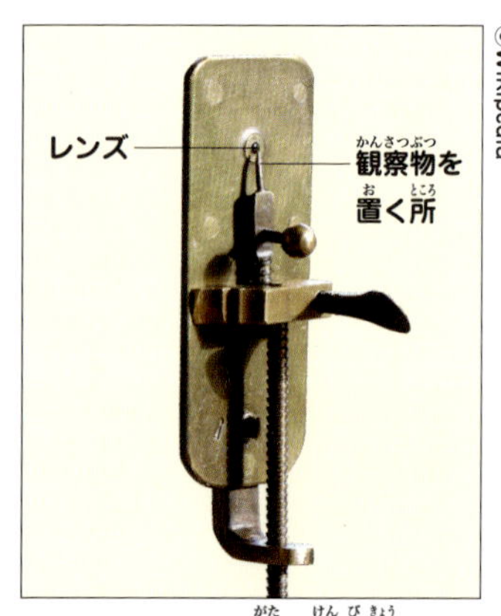

レーウェンフック型の顕微鏡　キリのように尖った場所に観察物を取りつけ、小さな球形のレンズを覗いて観察した。

細胞を発見した、ロバート・フック

イギリスの科学者、ロバート・フック(1635〜1703)は手製の顕微鏡で、動植物など様々なものを観察して楽しんでいました。1665年のある日、顕微鏡でコルクを拡大して観察していたフックは、コルクが小さな部屋に分かれて連なっていることを発見しました。フックは小部屋という意味の「セル(細胞)」と名付けました。これが最初に発見された細胞でした。この発見をきっかけに細胞についての研究が始まり、170年後には全ての生物が細胞から出来ていることが明らかになりました。

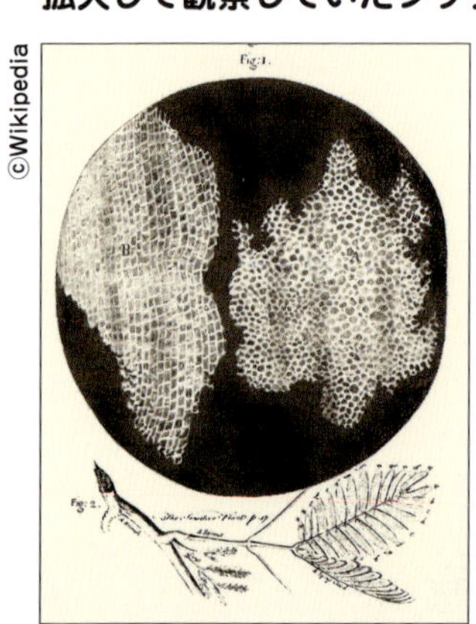

フックが観察したコルクの細胞壁　コルクを構成している細胞は死に、細胞壁だけが小さな部屋のように残っている。

細菌と酵母を研究したパスツール

フランスの科学者、ルイ・パスツール(1822～1895)は「近代細菌学の父」と呼ばれるほど、微生物学の発展に大きく貢献しました。テンサイ（砂糖大根）を発酵させて酒を作る過程で、ひどい臭いを放つ物質が出来てしまったと知ったパスツールは、発酵と微生物の関係を研究し、その結果、酵母と乳酸菌が発酵作用に関係していることを突き止めました。また細菌が疾病を起こすということを初めて立証し、炭疽病とコレラを予防する方法を開発したりしました。乳製品の風味は活かし、有害な細菌を無くす低温殺菌法を考え出したのも、パスツールなのです。

結核菌を発見したコッホ

ドイツの医師であり細菌学者のロベルト・コッホ(1843～1910)は「近代細菌学の開祖」として広く知られています。家畜と人間の命を奪う炭疽病の原因である炭疽菌を見つけ出し、これを基に細菌学研究の基礎となるコッホの４原則を提唱したことで有名になりました。1882年に結核菌、1883年にはコレラ菌を発見し、それを基に結核の治療薬であるツベルクリンを作りました。目に見えない病原菌の発見は、伝染病予防の手段の研究に大きく貢献しました。コッホは、結核菌を発見した功績で1905年にノーベル生理学・医学賞を受賞しました。

最初に顕微鏡を作った人は？

微生物は肉眼では見ることが出来ないため、顕微鏡の開発は微生物の研究には無くてはならないものでした。最初の顕微鏡は、1590年頃オランダの眼鏡職人サハリアス・ヤンセンが開発したものだと言われています。ヤンセンはある日、レンズを２枚重ねると物が大きく拡大して見えることを知り、凸レンズと凹レンズを重ねて顕微鏡の原型を作りました。この顕微鏡を使ってノミのように小さな生物も詳細に見ることが出来るようになりましたが、それよりももっと小さな微生物はまだ観察出来ませんでした。

ヤンセンが開発した顕微鏡の複製品

4章 皮膚糸状菌の襲撃

何で現れないんだ？
10秒過ぎたのに。

あれ？

まるで
気球に乗った
みたいだ！
フワ
フワ
面白いだろ？
胞子に乗ってるから
落ちる心配はないぞ。

フワッ

これ、
みんな胞子
なの？
エエッ
ああ。普段は
小さ過ぎて見えないが、
こんな風にホコリと
一緒に漂ってるんだ。
カビはこの胞子を
まき散らして
繁殖するんだ。

花が咲く代わりに胞子で繁殖するの。
ポリ
ポリ
そう言えば、そんな植物があったような……。ワラビだったかな？

葉の裏の胞子嚢から胞子が出て、暮らしやすい環境にたどり着くと、成長するんだ。
そう。ワラビのようなシダ植物も胞子で繁殖するんだ。
胞子嚢
胞子
暮らしやすい環境って？
胞子嚢が付いたワラビの葉の裏側

カビの場合ジメジメした暖かい環境を好むものが多いんだ。
ジメ
ジメ
モワ
モワ
ジメジメした所……？何か嫌な感じ。
ウッ

微生物研究所にはワザとそういう環境にしてある場所があるんだ。そこでは様々なカビを育てている。
ゲッ

こ、こんな感じ?!
ジトー

ブン
ブン
ウ〜ン……。
イヤだ〜。やっぱり早く戻らなきゃ！

もしかしたら、ここで「ジオバクテリア」か「ジオカビ」が発見されるかも！
え？

「ジオカビ」？僕の名前を付けられるの？
そうじゃないが、俺たちがそう呼べるんだ。
キラッ

僕の名前を呼び名で付けられるの？
スゴいや。早く出発しよう！
上手くごまかせた！

じゃあ、本格的に出掛けよう！
胞子に乗って出発だ！
グイ

胞子に乗って？ヒポ号は飛べるのに……。

ヒューーン

ヒュン
そのまま飛ぶには、俺たちは小さ過ぎるんだ。胞子を利用して飛ぼう。

そんなこと出来るの？

おかしいな？
ココにいなかった
のかな？
ガサッ
ウワッ！
痛っ！
ゴツ
ゴツ
クルッ
ゲッ！

ウワッ。こりゃどうなってるんだ？

奥の方にいて、紫外線が当たってないのかな？
ドサドサ

空気の流れでケイの服にくっ付いたみたいだ。少しでもケイが動いたら一緒に……。
イテテ

胞子に乗るのは無理だったのか？確かに空気の流れには逆らえないし……。
ウウッ

何で大きくならないんだ？自動的に元に戻るハズなのに。
キラッ
ザッ
ザッ

ケイ、
疲れてるのか？
これでも飲めよ。
もう、
チョウ先輩！
相変わらずヒドいな。
昔っから僕にいたずら
してばっかりで！
ザザッ

とにかく
飲んで
くれよ。

え？ 先輩、おごってくれるの。
キムチ乳酸菌の研究はどう？
やってる
よ～！

1番許せないのは、
消費期限を過ぎた
ジュースを飲ませた
ことだ！
ウ～。
今思い出しても
腹が立つ！
ウン。
ありがとう。
チュ～ッ

ケイ、
何だか怒ってるみたいだよ？
ああ、あの顔は……。
俺に騙されて消費期限を過ぎた物を飲んだことを思い出してる顔だ。

もう何年も経つのに、まだ根に持ってるのか？

ねえ、その時に食中毒にかかったんじゃないの？
腐ってないから平気だったさ。
ちゃんと体にいい乳酸菌を入れておいたし。

飲んで30分経過。

まだ変化なし。
ウ〜ン

トイレの滞在時間は通常通り。
誰かに見張られてる気がする……。

そんなに
危ないこと
したの？
お腹を壊すかも
知れなかったん
でしょ？

だから、
ケイが大腸菌って
呼んでたのか。
食中毒にさせられ
そうだった
から？

これも
乳酸菌の力を
知る研究のためさ。
グッ

しかも体にいいキムチの
乳酸菌にしたんだ。かわいい
後輩だからな。
クゥ〜

ノーベル賞を受賞した
バリー・マーシャル博士の研究を
知っているか？
胃炎と胃潰瘍を起こす細菌を
見つけたぞ。証明するために自分で
飲んでみよう。
この菌が
原因だと証明
できる！
これで
私が胃潰瘍に
なれば……。
鞭毛
体部
胃の粘膜にいる
ヘリコバクター・ピロリ菌

菌を飲んだマーシャル博士は本当に胃炎にかかった。身をもってピロリ菌の危険性を証明したんだ。
博士の病気は、その後自然に治ったらしいが。

チョウ先輩から何かもらったらヤバイぞ！
まさか、僕にも何か飲ませるつもりじゃ？!
ハッ

時には危険を覚悟して実験に臨むなんてスゴイじゃないか！?
やり過ぎだよ！
だいたい、危険な目にあったのはケイだけど……？

ハ、ハ、ハ……。

ムズ
ムズ

ハクション！

ドンッ
ウワ〜！　また飛ばされる！
バババッ

グルグルグル

ガン

イテテ……。ノーベル賞どころか、微生物の探検を始める前に大ケガしそうだ……。
ウウー
あ～、イテテ……。

だが、これで良かったかもしれない。
何が？
このまま、ケイにくっ付いて移動しよう。

ここは多分……、ケイの足の上だと思う。
え？
ハッ

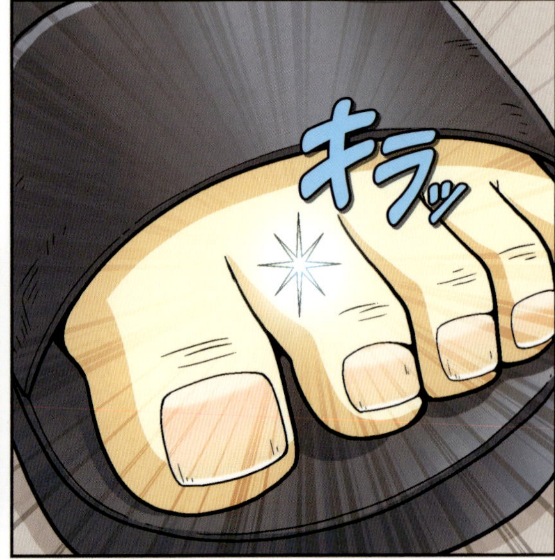
キラッ

エ〜、よりによって足の上に落ちるなんて！

だけど潔癖症のケイだから、汚なくはないよね？

ああっ！

ここにも何か動くものがいるぞ！
ススッ

あれ何？あれも菌糸なの？
ススッ
ハハハ。いくら潔癖症のケイでも微生物はいるぞ！
ハハハ

そうなの？

あれは皮膚に付いて、水虫や皮膚病を引き起こすカビだ。
菌糸
皮膚糸状菌

まだそれは分からない。

エエ？じゃあ、ケイは水虫になったの？
ウゲッ

エエ？ じゃあ、もうプールには行けないよ。
ゲッ

水虫になっていたら、もっと繁殖してるハズだ。まだこの程度なら、胞子が移って来ただけかも知れない。
プールや銭湯など、たくさんの人が使い湿気が多い所では水虫菌がうつることがあるんだ。

大丈夫。菌がうつっても24時間以内によく洗って乾かせば、水虫にはならないから。

フ〜
良かった。ケイはメチャクチャ綺麗好きだから、水虫にはならないね。

僕の爽やかなイメージが……！
ボリ
ボリ
全くだ。こんな姿を見たかったな。
本当に水虫になったら、からかってやるのに。
ククク

だが皮膚糸状菌は1度定着すると、なかなか完全には無くならないんだ。胞子も12カ月は生きているから気をつけなきゃいけない。
ゲッ
そんなにしぶといの？

ウョ
ウョ
急に活発に動き出したよ。

ああ。ケイの足が汗をかいたらしいな。

僕らを捕まえようとして、走り回ってるのかな？
グフフ
多分そうなんじゃないか？

本当に運がいいぞ。皮膚糸状菌の活動を見られるなんて！
ペトッ
何をしようとしてるの？

酵素を使って角質を溶かしてるんだ。栄養分を摂取する為に。
ゲー
角質を食べるってこと……？

まさか、酵素でヒポ号が溶けることはないよね？　前に胃酸のせいでヒドい目にあったんだ。
そうだったのか。

まあ、角質があるから俺たちまでは手を出さないだろう……。
ハハ

シュルッ
ペタッ
ウワアッ！僕らを狙ってるみたい！
そ、そんなハズは?!
ウワァ～

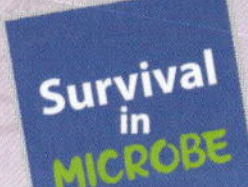

カビがもたらす被害

水虫や、外耳真菌症の原因になるカビ

人間がカビに感染して起こる病気の代表は水虫です。皮膚糸状菌というカビは皮膚表面の角質を溶かす酵素を分泌して、角質をエサにして皮膚に寄生しています。このカビに感染して皮がむけたり変色したりすることを水虫と言います。皮膚糸状菌は足だけでなく頭皮や爪などにも広がり、別の皮膚病を起こすこともあります。また、耳の穴の入り口から鼓膜に至る外耳道や鼓膜に感染すると、外耳真菌症と言う病気になります。外耳真菌症にかかると、耳の痛みや痒みがあり、ひどくなると難聴になる場合もあります。

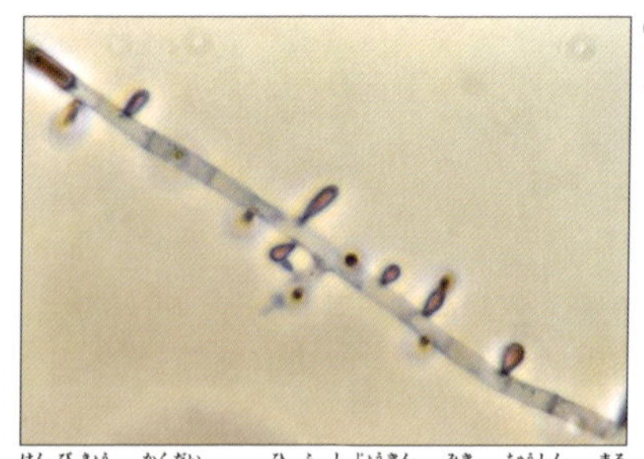

©CDC

顕微鏡で拡大した皮膚糸状菌　幹を中心に丸い形の菌糸が付いている。

両生類と魚を苦しめるカビ

カエルツボカビは、カエルなどの両生類の皮膚に付いて表面のタンパク質を食べて生きるので、皮膚呼吸している両生類にとって致命的です。これまでに、南北アメリカやオーストラリア、ヨーロッパなどで両生類への感染が報告されています。とくに中南米では、一部のカエルが絶滅するほどの被害がありました。日本でも、2006年にペットの外国産のカエルでの感染が報告されています。

また、魚を脅かすカビもいます。水カビの一種であるサプロレグニア菌は、魚の皮膚やヒレに出来た傷に菌糸を広げて皮膚病を引き起こします。

©Steve Bower

水カビ病にかかった魚　サプロレグニア菌に感染した魚は皮膚細胞が腐り、死んでしまうことがある。左の写真の魚は、背ビレの根元の部分が感染している。

カビによる文化財の破損

紙やキャンバスが湿気を帯びると、カビが活動するのに適した環境になります。そのため古い時代に作られた貴重な絵画や本を保管する場合は、カビで劣化しないように湿度と温度を調節しなければなりません。紙だけでなく木や土などを材料とする木版や彫刻、陶磁器などの文化財を保管する時も同じように注意が必要です。古い文化財を展示する場所や遺跡に行くと、人が手で触れないようになっていますが、これは人びとの手に付いている微生物が移って文化財が破損してしまうのを防ぐためなのです。

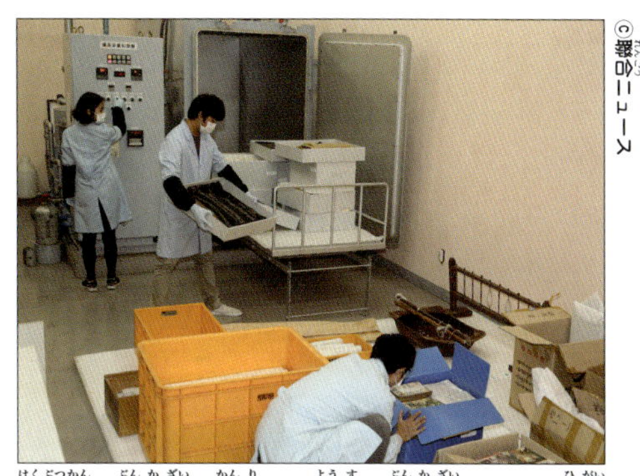
©聯合ニュース

博物館で文化財を管理する様子　文化財がカビの被害を受けないように、特殊ガスを散布している。

1940年に発見されたフランスのラスコーの洞窟の壁画は、一般に公開してからカビによって被害が深刻になり、1963年からは専門家以外の立ち入りが禁止されています。日本でも、奈良県の高松塚古墳の壁画が、カビなどの影響で劣化したため、修復作業が行われました。

身近なカビを防ぐには？

ジメジメと湿度が高くて暑い夏は壁や服、家具などにカビが生えることがよくあります。これを防ぐためには、湿気がこもらないようによく換気して服や布団などを太陽に当てて乾かすことが大事です。すでにカビが生えてしまった所は専用の洗剤や、歯磨き粉などを使ってキレイに掃除して、水気をよく乾かさなければなりません。また、カビが生えた食べ物を食べてしまうと、腹痛を起こすこともあるので、消費期限を守り、常温で食べ物を保管しないことが大切です。

5章（しょう）

ひどい臭い（におい）の正体（しょうたい）

ノウ博士の自慢の発明品なんだから、きっと大丈夫だよ。
菌糸が食べてる角質の上にいるじゃないか。本当に大丈夫なの？
ウョ
ウョ

とにかく、早くココを離れよう！
ドン
グイ
ま、待てよ！

そんなの分からないよ……。
ウッ

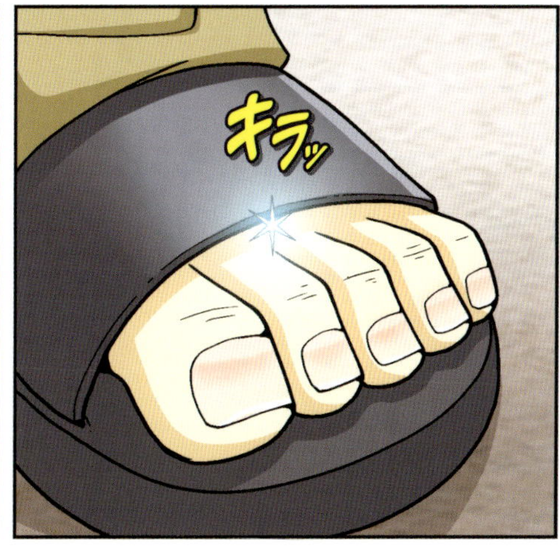
キラッ

ブラ～ン
シューン

どうなってるんだ？
もう、この中には
いないのか？
ザッ ザッ

イヤ。それなら
大きくなってる
ハズだ！
ブン ブン

紫外線に
当たってない
ハズはないし……。

まさか、
故障してるんじゃ
ないだろうな?!
だったら中の復元
ボタンを押さなきゃ
戻らないぞ！

クルッ

この部屋のどこかで僕を
笑ってるんじゃないだろうな？
ケ～イ。
ここまで
おいで～！
ベロベロ
べ～！
ワナ ワナ

うん？

見てろ～。絶対に捕まえてやる！

フフフフ

お？
ウィーン

最大パワーで逃げよう！
もうやってるけど、ケイの足が大き過ぎて！

ガタ
ガタ

ヒポ号は正常に動いてるのに、なぜだ？
どうしたの？　何でこんなに揺れてるの？
ウワッ
ガタ
ガタ

あれを見ろ！竜巻だ！
竜巻だって？
ウワーッ！
ゴオーーッ

これでもくらえ！
ウィーン
早く出てきた方がいいぞ！

掃除機かー！
ゴォーーッ

ああ、微生物も一緒だ。
それはいいけど、あの中に閉じ込められたら……！
アア～
このままじゃ、吸い込まれちゃうよ！

もうダメだ。ちゃんと許可をもらってから出直そうよ！
それはダメだ！
バッ
ガシッ

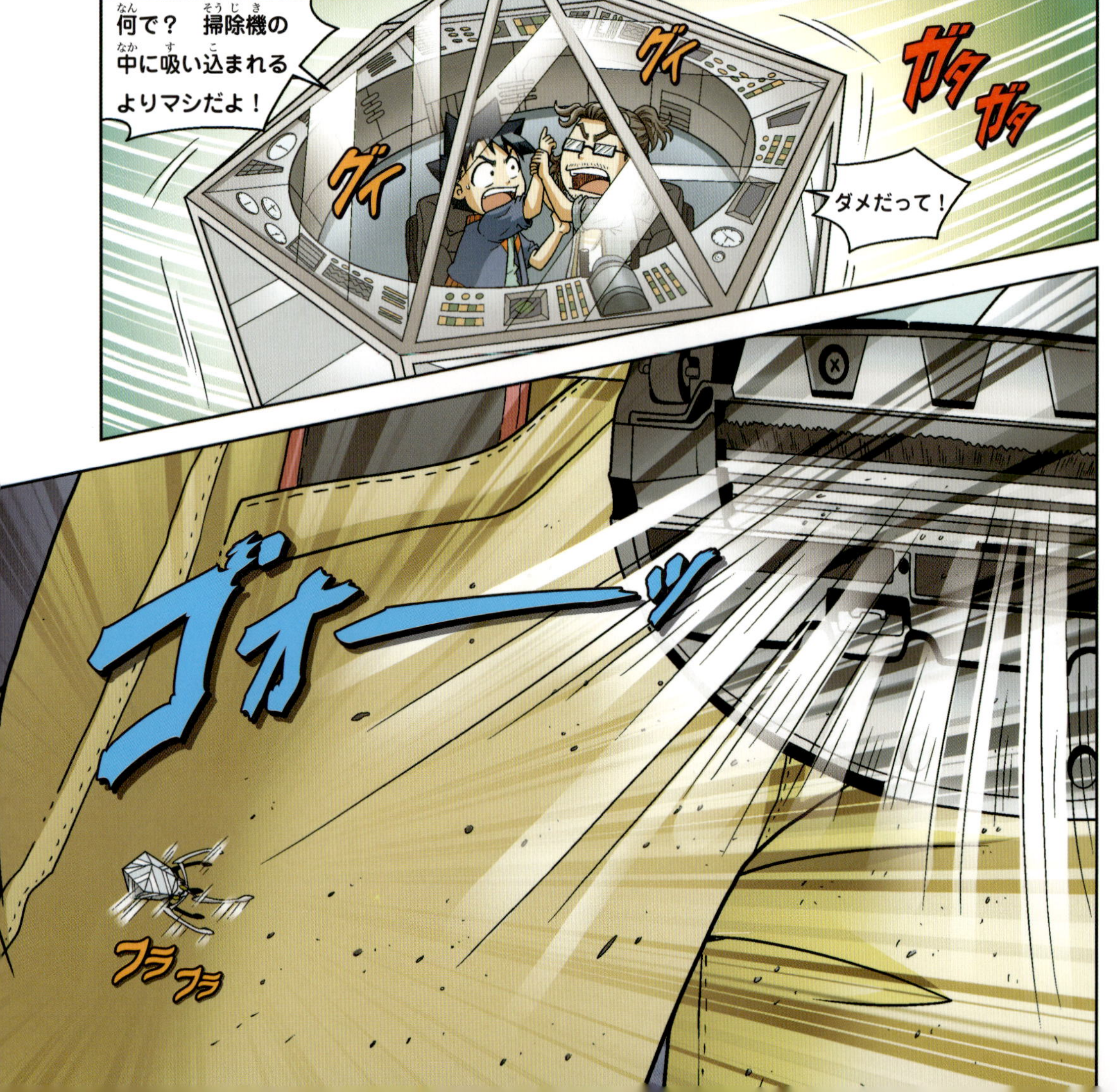
何で？　掃除機の中に吸い込まれるよりマシだよ！
グイ
グイ
ガタ
ガタ
ダメだって！
ゴォーーッ
フラ
フラ

このままじゃ、本当に吸い込まれちゃうよ!
グイ

ガシ

あそこにつかまろう!

ワッ!
パシッ
ガタッ

ノウ博士
090-××00-×0×0
ピリリリ

ウィーン

え？
何だ？
何かボタンを
押したんじゃない
のか？

外の画像が僕らの
サイズになって映ってる。
ノウ博士から電話だ！
本当だ！
ノウ博士
090-××00-×0×0
パッ

ピッ
シーン

あ、
電話だ！
ピリリリリ

ブラン
うわぁ〜!

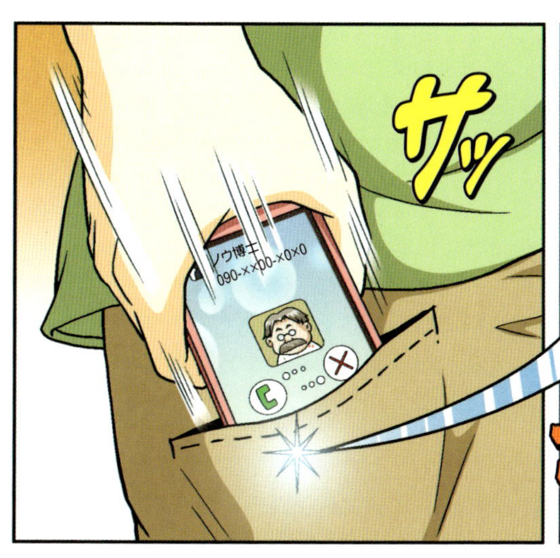
ザッ
ノウ博士
090-××00-×0×0

博士だ！
ゲッ
ノウ博士
090-××00-×0×0

ケイ！
ヒポクラテス号がないぞ。チョウ君が乗って逃げたのか？
どういうことだ！
す、すみません！
僕がマツタケに気を取られて……。

ハ、ハイ……。
ザッ

ハア～。
この前貸してくれと言ってきたのを断ったから、こんなことをしでかしたのか……。

それを聞いてたら、絶対に研究室に入れなかったのに！
アセアセ
オロオロ

ヒポクラテス号は人間の治療に使うための貴重な発明品だから、簡単に乗っていい物じゃないんだから。

エエ？
本当ですか？
もしかして、紫外線感知装置ですか?!

ドキッ
そ、そうじゃ。
故障して修理の途中だった……。

それもそうじゃが、他の部分も確認中だったんじゃ。
ポリポリ

ズーン
それにジオも乗ってるんですよ。

何じゃと？ジオまで?!
ギクッ

それはマズイ。微生物は分解する生物じゃ。もしかすると、もっと壊れてしまうかも知れん！

大きさが戻らないので、どこにいるのか分からないんです……。

ウウ～ム
監督不行き届きの責任を取ってもらうぞ、ケイ。

違う、違う。責任を持って元に戻せと言うことじゃ。そこにはチョウ君が大好きな場所があるじゃろう？

ギョッ
責任ですって？それは博士の助手をクビになるってことですか？

あ、あそこか！
発酵実験室

先輩が大好きな場所ですか……？

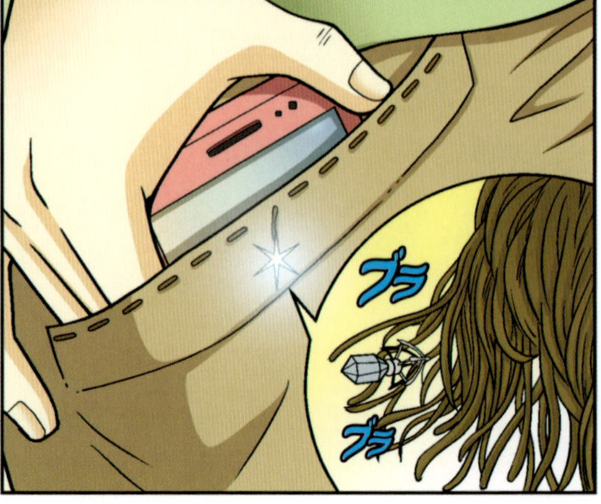
ブラ
ブラ

もう１度探して、連絡します。
バタ
バタ

ゴクッ

俺の愛する
発酵実験室に！
ヤッタ。
ケイが俺たちを
連れて行って
くれるぞ！
ハハハ

とにかく１度戻ろう。
それがいいと思う。
クルッ

この人、
何て人なんだ。
あんな目に合った
ばかりなのに、
もうこんなに
喜んでるよ。

ジオ、俺は何も
心配してないぞ。
ヒポ号はノウ博士自慢の
発明品じゃないか。

プツッ

カチ

ぼ、僕？
エッ
隣には、勇敢な
サバイバルキング が
いるんだし！

ジオカビで
ノーベル賞！
やっぱり、
探検しなきゃね。
発酵実験室には、必ずや人類に
大きな利益をもたらす新しい
微生物がいるハズだ。
そうさ！
俺たちにはノーベル賞が
待ってるんだ。
バッ

いいよ。その代わり
発酵実験室だけ
だからね。
そうそう。
発酵実験室は絶対に
行かなきゃ！
スリスリ
コク

ああ、聞いたこと
あるよ。
発酵食品って聞いたことないか？
ヨーグルトやキムチ、チーズなどの
健康にいい食べ物のことだ。
ヨーグルト
味噌
キムチ
チーズ

その発酵実験室には
何があるの？

同じように分解しても、
人間に有害な物質が
生じることは腐敗と言う。
微生物が分解して行くうちに、
人間に有益な物質が生じることを
発酵と言うんだ。
酵母、コウジカビ（麹菌）、
乳酸菌
発酵
腐敗
腐敗菌
発酵食品
発酵と腐敗
腐敗した食品

エエ？　腐敗って腐ることでしょ？　発酵と腐敗が同じ過程なの？
過程は似てるが結果は大違いだ。腐敗した牛乳を飲むと食中毒を起こすが、
発酵食品であるヨーグルトは美味しくて体にもいい。
発酵
牛乳＋乳酸菌
ヨーグルト
腐敗
牛乳＋腐敗菌
腐った牛乳

ヘエ～。

ガラッ

プ～ン
バッ
モワ～

ウプッ！
グッ
プ〜ン
モワ〜

ゲッ！ 何だ？ この臭いは？!
あ〜、これこれ。発酵してるこの香り〜！
ワク ワク

不思議な顕微鏡の世界

実験室の必需品、顕微鏡

顕微鏡は小さな物体を大きく拡大して見る器具です。顕微鏡を使うとダニや細菌のような非常に小さな生物を観察出来るだけでなく、さらに拡大してその内部の構造を正確に知ることが出来るのです。顕微鏡の中でも、現在最も広く使われている顕微鏡は光学顕微鏡です。対物レンズで拡大した物体の像を接眼レンズでより拡大する仕組みになっていて、最高倍率は２枚のレンズの倍率をかけた値になります。

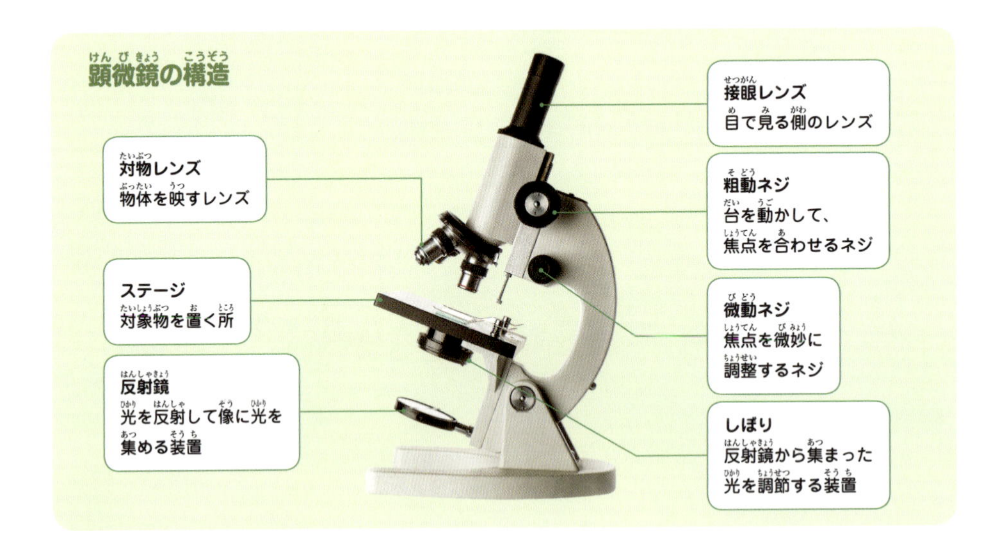

電子顕微鏡とは？

光学顕微鏡は、ガラスやプラスチックでできたレンズを使って光を集め、物を拡大して見るものです。電子顕微鏡は、銅線を巻いたコイルでできた電子レンズを使って、電子線で物を拡大して見る顕微鏡です。電子顕微鏡は、数10万倍から数100万倍にまで拡大することが出来るので、細胞やバクテリアも細密に観察することが出来ます。

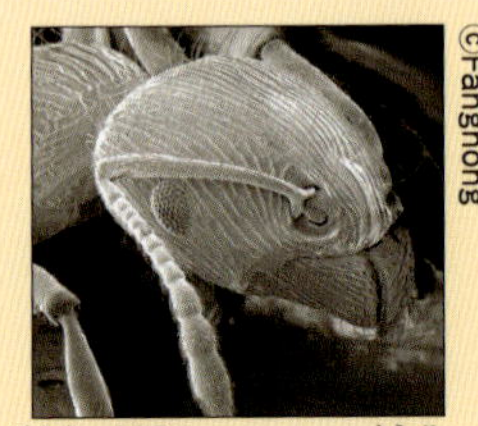

電子顕微鏡で観察したアリの頭部

光学顕微鏡を使ったカビの観察

カビを観察するためには、まずカビの培養から始めます。カビのエサになる食パンやご飯、果物などを培養シャーレに入れて、フタを開けたまま３、４日放置すると、空気中を漂う胞子が食べ物に付いてカビが生えます。ピンセットでカビを採取しスライドガラスの上に乗せ、水を１滴落としてからその上にカバーガラスを被せてプレパラートを完成させ、下の順序で顕微鏡で観察します。

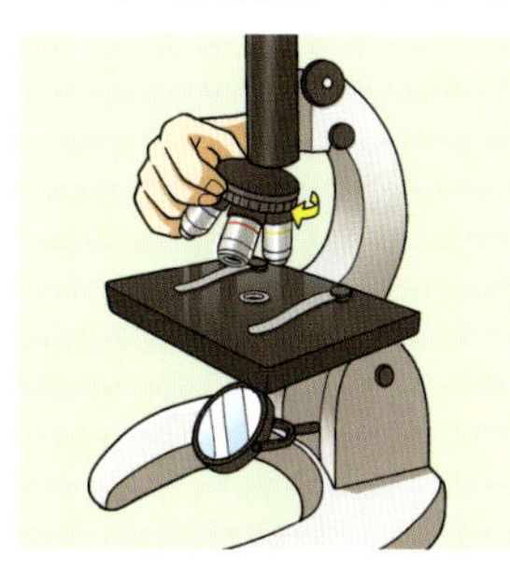

1
最も低い倍率の対物レンズが鏡筒の下に来るように、回転盤を回します。

2
反射鏡としぼりを使って、明るさを調節します。

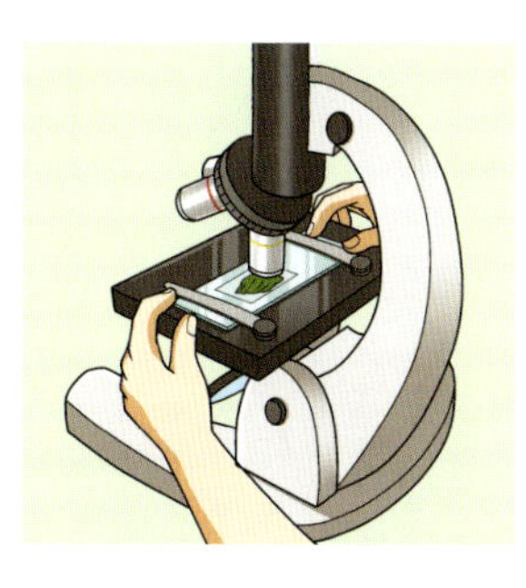

3
プレパラートをステージに乗せて、両端をクリップで固定します。横から見て対物レンズをプレパラートに近づけます。

4
接眼レンズを覗きながら、粗動ネジを離す方向に回して焦点を合わせます。

5
微動ネジを回して焦点を正確に合わせた後、像を観察します。低倍率から高倍率の順番に観察しましょう。

200倍に拡大したカビ

6章
はじけた泡に飛ばされて

ああ。あれを
見てみろ！
サッ
じゃあ、
ココも微生物
だらけって
こと？
ゲッ

そうだろ。
こんな光景を
見られるなんて、
感動だ！
何だか雪が
降ってる
みたいだね。
ジ〜ン

フワ
フワ
ヘエ……。

ゆでた大豆は、コウジカビと酵母、乳酸菌などの
はたらきで、おいしい味噌になるんだ。
微生物がおいしい食べ物を作ってるんだぞ。
フレ〜フレ〜、
微生物！

あれは、
コウジカビの胞子だ。
コウジカビ

＊味噌玉は韓国の伝統的な味噌。日本とちがって、韓国では、ブロック状にして味噌を作ります。

プシュ〜

よ〜し、本格的に微生物探検だ〜！
そうだった。新種の微生物を探さなきゃ！

急に突風が吹いてきたぞ!!
ビューン

ウプッ
臭いがヒド過ぎる！ココは最後にしよう！
ああ、我慢出来ない！

ケイのせいでまた空気の流れが変わったんだ。ヒポ号が耐えられない！
ガタッ
ウワッ!!
な、何だ?!

発酵実験室
バタン

ダメだよ、ケイ！ 出て行っちゃ！

しまった。作戦失敗か……。
ウ〜ン
飛んで戻るしかないよ。

うん？その必要はないんじゃないか？

発酵実験室はまだあるんだし……。
キョロ
キョロ

ここには何があるんだ？
発酵実験室2
ビク
ビク
ガラッ

ケイは俺たちを探して、発酵実験室を全部回るつもりなんだ。
ココにもスゴい微生物が俺たちを待ってるぞ。

ココにも味噌があるの？

いや、ココはブドウを発酵させてワインを作っているんだ。
ズラ～
ああ、さっきの部屋とは臭いも違うね。

ちょっと待って！
あ～！　ワインで１杯やりたいよ。
クゥ～

グィ
とりあえず、ケイから離れよう。

パッ

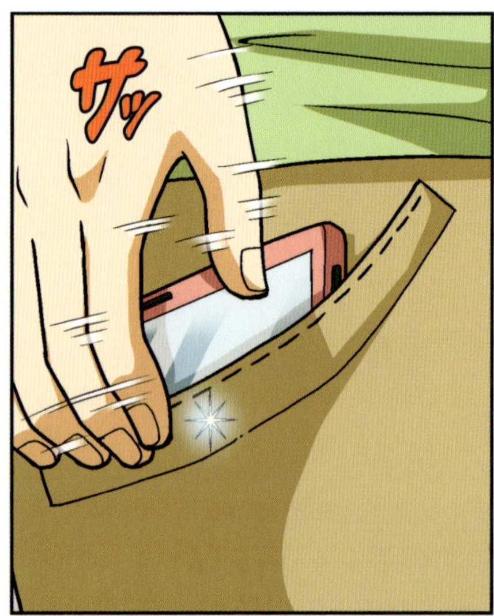
ザッ

またケイに邪魔されると困るからな。
ああ、そうだな。

ヒュン

おお。着陸成功だ！
ココにも力ビの胞子がいっぱいだ。このカビがブドウを発酵させるの？

ストッ

ああ、
胞子はあのカビのせいだ。
いや、ワインは酵母によって……。
エッ、
あれは何なの？
断崖に青いものがたくさんくっ付いてるみたいだ！

イヤだよ。
絶対に食べないからね！
ブンブン

ケイに消費期限切れのものを飲ませたって言うし、もしや僕にも……？

食べてみるか？
ギョッ

あった！　これこれ！
むやみに触っちゃダメだよ！

遠慮するなって。どこかにボタンがあったハズだが……。
フフフ

ウィン

まあ、任せておけって！
これは手術用の道具なんだからね？
ジャン

サッ

エッ？本当にあの山を切り取ってきたのか？
成功だ！

ウィン

イ、イヤだよ。
変な臭いだし、
色も変じゃないか！
何なの、これ!?
プン
ほら、食べて
みろよ！
プン

変わった
臭いだ
けど……。
クンクン

チーズ？
おいしい
ブルーチーズだ。

失礼な！　ブルーチーズは元々こうなんだ。
青カビが牛乳を発酵させて独特な香りを
醸すんだ。
カビを使って作る
チーズは高級品なんだぞ。
ちなみに、体に害のない
種類の青カビを使って
いるんだ。
本当に
食べられるの？
おかしなものが
入ってるんじゃ
ないの？
ウッ

ヒョイ
カビが生えてるものが高いなんて、チーズの世界って変なの……。

カビのおかげで、体にいい成分が多くなってるからさ！
ハハハ

発酵中
ワインもカビのおかげで出来るの？

ああ、それは酵母という微生物のおかげだ。
酵母はカビと違って菌糸がない。糖分をエサにして分解するから、花の蜜腺や果実の表面にたくさんすんでるんだ。主にパンやビール、ワインなどを作るのに使われるんだ。
僕らは甘い物が大好き～！
ブドウの皮にすむ酵母

人間は数1000年前から果物を熟成させて、酒を作って飲んでいたんだ。
酵母が発酵を起こすことを、19世紀フランスの科学者、ルイ・パスツールが初めて発見したんだ。
パスツール？
どこかで聞いたような？

パスツール教授。うちの工場が大変なんです。
発酵が上手くいかなくて、酒が出来ないんです！
19世紀フランス
フム……。
ウウッ

パスツールは発酵について研究した。そこで驚くべき事実を突き止めたんだ。
フ～ム
発酵中の酒を拡大して調べてみよう。

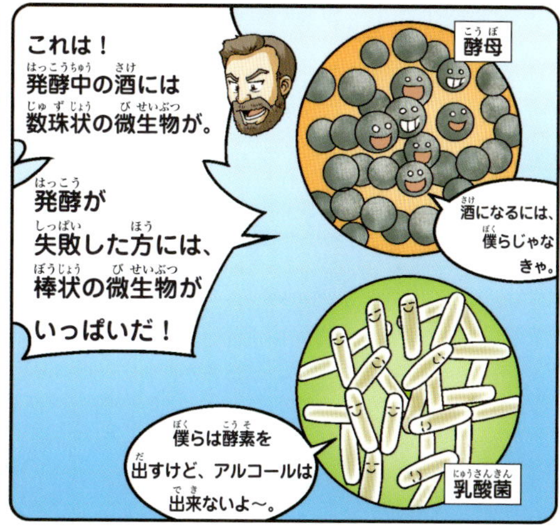
これは！発酵中の酒には数珠状の微生物が。
発酵が失敗した方には、棒状の微生物がいっぱいだ！
酵母
酒になるには、僕らじゃなきゃ。
僕らは酵素を出すけど、アルコールは出来ないよ～。
乳酸菌

発酵を行ってるのは、酵母と言う微生物なのです！
オオ〜

あの瓶の中にも酵母がいる。まさに発酵してる最中のハズだ。
発酵中

だが、あまり近付き過ぎると、ヒポ号は危険だ。
なぜ？酵母は菌糸もない微生物なんでしょ？

そうなんだが、発酵中はちょっと心配なんだ。
ウ〜ン

エエイ！
徹底的に探して、必ず見つけるぞ。

クルッ

フワ
フワ

よ、よせ！
そのフタを
開けるのは！
何で？

うん？
ケイは何をする
つもりなんだ？
キラッ

パチン
バッ
グルグル
ウワッ！
泡が
はじけた！

微生物が作り出した美味しい食品

ワイン

酵母は自然界のいたるところ、特に花の蜜腺や果物の皮など糖度が高い場所にたくさんいます。酵母が糖分を分解して出来るアルコールや二酸化炭素を利用すると、お酒やパンなどを作ることが出来ます。例えば、よく熟したブドウの糖分を酵母が発酵させるとワインになるのです。新石器時代にはすでに、保存食として貯蔵して置いたブドウがブドウ酒になることが知られていて、数1000年前からは本格的にワインを生産するようになりました。こうして出来たワインは「神からの贈り物」と呼ばれるほど、長い間愛されています。

©Oleg Golovnev

ワインの発酵　ブドウの皮や粒を潰して混ぜ、1、2カ月ほど発酵させるとワインができる。

パン

紀元前2000年頃から、エジプト人は酵母を使ってパンを作っていました。小麦粉のパン生地に酵母を入れると、酵母が小麦の炭水化物や糖分を分解する時に二酸化炭素（炭酸ガス）が作られます。これによってパン生地の中に空気層が出来て、ふっくら膨らんだパンが出来るのです。

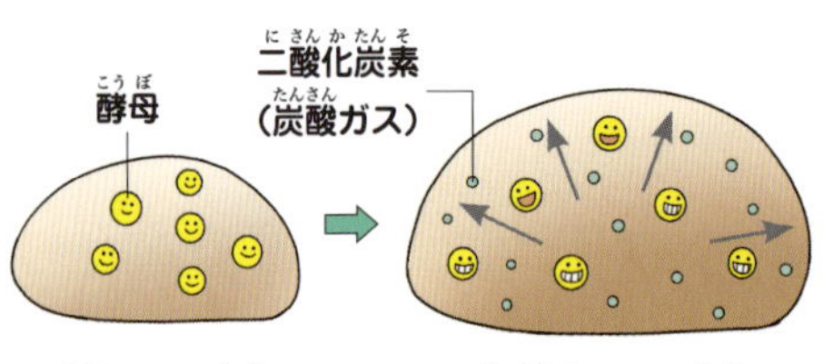

発酵前のパン生地　　発酵後のパン生地

©Olga Markova

発酵したパン生地　酵母の種類と量によって異なるが、大体1時間から一晩ほど経つとパン生地が発酵して膨らみ、特有の香りが生まれる。

味噌玉

韓国の伝統的な味噌「味噌玉」は、ゆでた豆を潰してレンガ状の塊にした物で、韓国料理に欠かせない味噌と醤油を作るのに使われます。味噌玉を藁で縛って乾燥させる過程で乳酸菌や枯草菌、酵母などの様々な微生物が味噌玉に入って発酵が起こります。発酵の過程でどんな微生物の影響を受けるかによって、味噌玉の味や栄養分が変わります。

©Wizdata

味噌玉　冬に27～28℃の部屋で味噌玉を２、３週間乾燥させ、藁で縛って屋外に吊るす。春には太陽光で乾燥させる。

チーズ

牛乳の中のタンパク質が固まって出来たチーズにカビが生えると、独特な味と香りを醸し出します。ゴルゴンゾーラやロックフォールなどのブルーチーズは青カビが生えた青いまだら模様が特徴的です。昔はブルーチーズを作るために、暗く湿った場所でカビが繁殖するのを待たなければなりませんでしたが、最近はチーズにわざと青カビを植え付けて生産するので、市場に多く出回るようになりました。

©Maraze

ブルーチーズ

発酵と腐敗はどう違うの？

発酵とは微生物が酵素を使って有機物を分解する過程です。発酵が起こると味や香りが変わり、食品を長く保存出来るようになります。腐敗は微生物が有機物を分解するところまでは発酵と似ていますが、腐敗が起こると腐敗アミンや硫化水素という物質が出来て悪臭を放ちます。また、腐敗した食べ物を食べると、食中毒を起こす場合があります。

7章
恐怖のシャワー室

ウワッ！　まさに発酵中だな。
パッ
パッ

酵母が糖を分解する時に、アルコールと一緒に炭酸ガスが発生するんだ。
発酵中のワインから炭酸ガスが出て、それに飛ばされたんだ。
ハー

炭酸ガス？
ウウー

いくら小さいからって炭酸ガスの泡に吹き飛ばされるなんて……。サバイバルキングともあろう者が……。
まったく、もう！
グイ

ジャン
今度はどこに来たんだろう？

発酵
パッ
発酵
パッ
発酵中
パッ

カチ
ウ～ン。画面を縮小して確認してみよう。

ああ、ヒポ号はケイの顔に付いているんだ！

おや？
発酵中
発酵中
発酵中
この角度からケイの手が見えるということは……。

うん？　変だな？
顔に何か付いてる気がするぞ？
キラッ

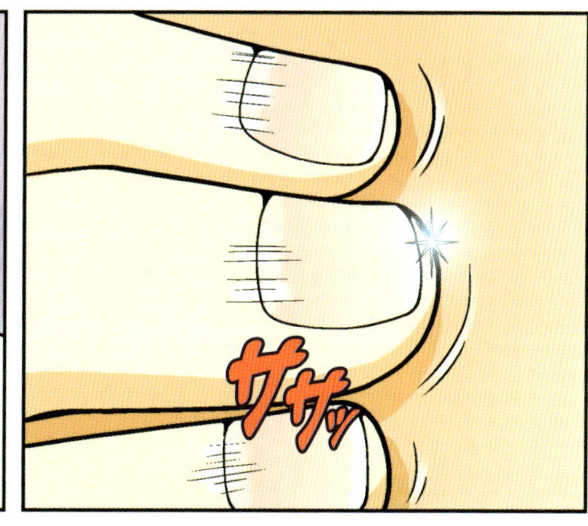
ササッ

ゴシゴシ
何もないな。だけど、何か変だぞ？

何かベタベタする。ちょっと洗って来よう。
ウ〜ン

ウワ〜。また飛ばされた〜！
グルグル

なぜ外に出るんだ？
どこに行くんだろう？
ハラハラ
ああ、多分シャワーだよ。ケイは潔癖症だから、体に何か付いたら洗わずにいられないんだ。

発酵実験室2
シャワー室はどこにあるんだ？
ガラッ

シャワーだと?! ダメだ！ 行くな！
ガタッ
エエッ！

シャワー室
ギィッ

頼むからそのドアを開けるな～！

バーン
ドロ〜ッ

ウギャ〜ッ!!
ゲエッ！何だよ、あれ?!
な、何だ？今のは？
バタン

だが、少しは出て来てしまったな。

ホッ
ケイにしては敏捷だったな。早く閉めてくれて助かった。

さ、さっきのはシャワー室だったの？
真っ黒だったけど……。
ゲッ

ワザとやってるんだ。
シャワー室は湿気が溜まるから、カビが生えやすいんだ。換気をせずに閉め切っておくと、どれだけカビが繁殖するかと思って。
シャワー室
モワ
モワ
フフフ

カビが生えるのはダメなんじゃないの？
ウチのお母さんはスゴく嫌がるよ。
いい湿気具合だな。
もっと繁殖したいな～！
ウョ
ウョ
そうさ。カビがエサを分解する時に、揮発性有機化合物を出すんだ。そのせいで嫌な臭いがすることもある。
ダラ～ン
ちょうどいいな。しばらくココにいるか～。

ああ、だから梅雨時にはイヤな臭いがするんだね。
カビによって起こる病気
ああ。湿度が変わらない所は注意が必要だ。臭いだけでなく、カビの胞子が飛び回ると皮膚病や喘息の原因にもなる。人間に有害なカビもいるし目に見えないからとにかく注意が必要なんだ。
喘息など呼吸器の疾患
腹痛や食中毒
アレルギーなどの皮膚疾患

臭いだけじゃなくて病気まで？カビは嫌われるワケだ。
ゾゾー
それだけじゃない。毒を持ってるのもあるんだ！

カビのくせに、毒を持ってるの?!
ゲッ

そうさ。
約300種のカビ毒があることが発見されているんだ。

あれくらいの大きさだから、まさかヒポ号の中には入ってこないよね？

だが、カビ毒への注意は必要だ。ピーナッツなどに生えるカビから発見されたアフラトキシンは肝臓に、リンゴなどに生えるカビで見つかったパツリンは、神経組織や消化器官に悪影響を起こすんだ。
また、乾燥した穀物に生えるカビから見つかったシトリニンは腎臓障害を起こすそうだ。
毒でもくらえ～！
パク パク
リンゴに生えるカビのカビ毒、パツリン

食べ物にカビが生えた場合、生えてない部分は食べても大丈夫なの？
青カビ

何もないように見える部分にもカビの胞子が付いている場合があるし、菌糸が奥深くにまで入ってることもあるから食べない方がいいな。
俺たちゃカビの胞子だぜ～！
俺たちの陣地を広げるぞ～！

＊ブルーチーズに使う青カビは毒性の無い種類。

シャワー室
きっと、何かの見間違いだな。
大学の研究所なんだから、あんなに汚いハズはないよ……。
ハハ

シャワー室
ちょっと、カビがあるだけで……。
ギィッ

ドヨ～ン

ブクブク
み、見間違いじゃないのか?!

何をどうすれば
こんなに汚く
なるんだよ?!
ブシュッ

ヒューーン
ワアッ!
ぶ、ぶつかる!
うわ～っ!
ドン
ドン

ダダッ
とても耐えられない！

シャワー室
バタン

ムギュ

胞子の山に埋もれてしまうとは！
カビ臭くて、とてもたまらん！
モワ～

モワ
モワ

ゴホ
ゴホ
換気ボタンを押してよ！
そうか。そんな装置があったな！
モワ〜

カチ
あれ、変だな。なぜ動かないんだ？

早く作動させてよ。
ウィーン

ボタンを押しても動かないんだ。故障したらしい。
ゲホ
ゲホ
エエッ。故障だって？

そ、
そうだな！
仕方がない！

もうダメだ。元に戻って
ココから脱出しよう！

作動しない。
何も動かないん
だ……！

何?!

早く！
このままじゃ、
2人とも窒息
しちゃうよ！

どいて！
僕がやって
みる！
ダダッ

ど、
どういう
こと？

本当だ！
操縦桿も
動かない！

ニュルッ

このままじゃ、
本当にやられてしまうぞ?!
ニュル
ニュル

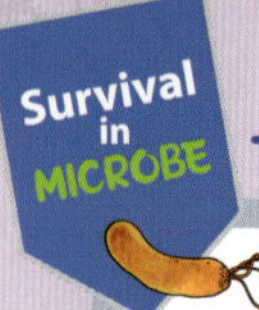

カビがもたらす被害２

死を呼ぶスタキボトリス（黒カビ）

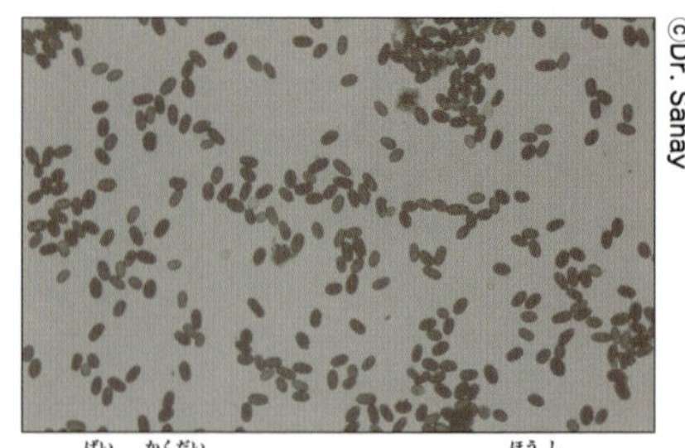

400倍に拡大したスタキボトリスの胞子

カビはアトピー性皮膚炎や喘息、鼻炎などのアレルギー性疾患を引き起こしたり、カビ毒を出して中毒症状を起こすなどの被害をもたらすことがあり注意が必要です。中には命にかかわるような可能性のある毒性を持つカビもおり、スタキボトリスもその１つです。

1930年代、ウクライナでは、カビが生えた干し草に囲まれて生活していた馬や農夫が続けて亡くなる事件があり、その原因がこのスタキボトリスであることが明らかになりました。また、2006年と2007年にはニューヨークのある小学校でこのカビが見つかって、臨時休校になったこともありました。

赤カビ病による麦の凶作

1963年、韓国では麦がよく育たず、記録的な凶作になりました。春に雨がよく降ったため、麦の茎と穂にカビが生えたことが原因でした。被害が大きかった地域は80％以上の麦が赤カビに感染していました。赤カビに感染した麦の穂は薄茶色に変化します。そして、時間が経つと麦粒の殻が赤カビに覆われ枯れてしまうのです。赤カビの被害があった地域では、収穫した麦を食べた人も、カビの毒素で腹痛を起こしたり、皮膚病に苦しめられたりしました。

赤カビが生えた稲　麦以外にも稲や大麦などの穀物は赤カビに感染すると、穂が枯れてしまう。

稲をダメにするいもち病

稲は育つ間に病気や害虫の被害や雑草などと戦わなければならず、その中でもいもち病は絶対に避けたい恐ろしい病気です。いもち病はカビであるイネいもち病菌に感染して起こります。発生すると根を除く全ての部分がダメになってしまいます。葉に感染すると、葉は燃えたように枯れてしまい、穂に感染すると、何も入っていないカラッポの穂が付きます。いもち病は日本全国で発生し、被害も大きいので、早期に発見して取り除いたり、農薬を使ったりするなどの対策が必要です。

いもち病にかかった稲とイネいもち病菌の胞子　いもち病は葉や節、穂などの様々な部分に起こる。節いもち病にかかった稲の節が茶色に変色している。

食卓からバナナが消える？

現在、私たちがよく食べているバナナはキャベンディシュという品種です。1950年代まではグロス・ミシェルと言う品種が主に栽培されていましたが、この品種はカビによって起きるパナマ病によって、ほとんど絶滅してしまいました。その後、パナマ病に強いキャベンディシュ種を品種改良して新たに栽培を始めたのです。しかし数年前にキャベンディシュに新パナマ病が発生し広がったため、新パナマ病に強い新たな品種のバナナの開発が進められています。最近市場に出始めたバナップルやローズバナナと言う品種のバナナは、バナナの絶滅をくい止めるために新たに開発されたバナナなのです。

ⓒNew Mindflow

グロス・ミシェル　キャベンディシュより味がよく、商品価値も高かったが、カビによって絶滅した。

8章(しょう)
菌糸(きんし)との死闘(しとう)

多分、あれはカビの分泌物だ。
カビの分泌物は、自分を守る保護膜の役目をするんだ。
ベタ
ベタ

これのせいで、ヒポ号が故障したのかな？
その可能性はあるぞ。カビの分泌物がヒポ号の中に入っていたら……。
ゴクッ

早くこの中から抜け出さなきゃ！
ガッ
これはどうだ？

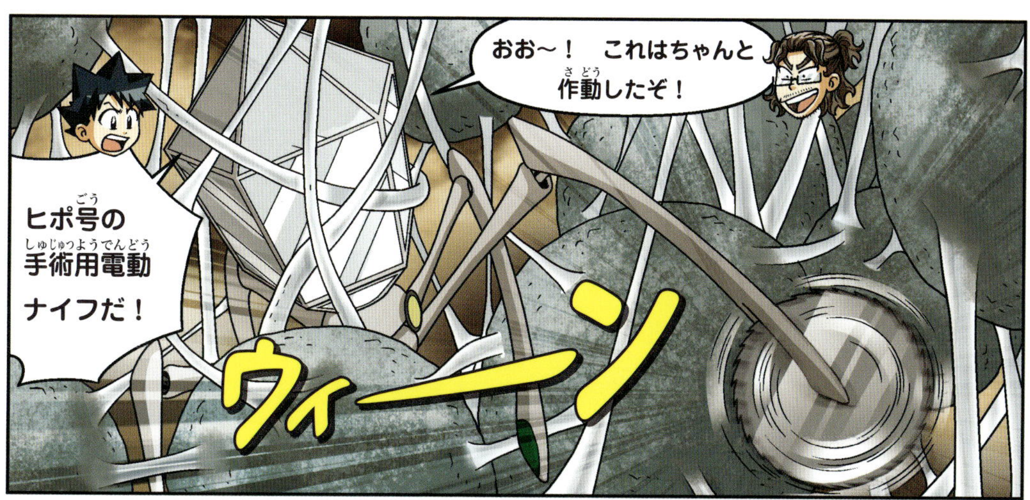
おお～！　これはちゃんと作動したぞ！
ヒポ号の手術用電動ナイフだ！
ウィーーン

これで全部
やっつけて
やる！
ウィーーン

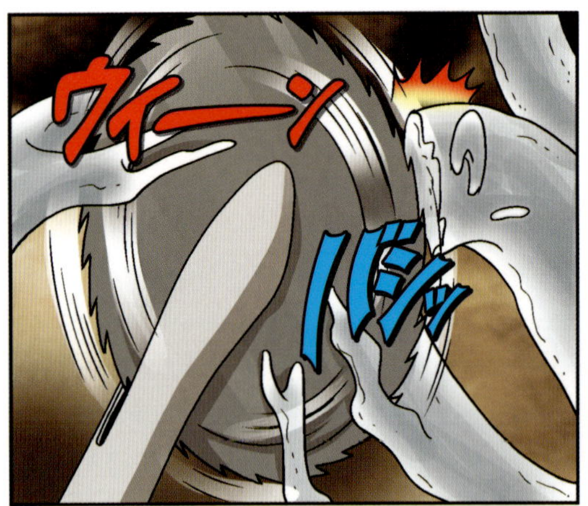
ウィーーン
バシッ

ベタ
ベタ

電動ナイフにも
くっ付いた！
思ったより
ずっと強力
だぞ！

博士を信じてたのに。
こんな不良品、ただの役立たず
じゃないか！
このままじゃ
カビにやられて
しまう～！
ウワ～ン

ちょっと待って！

ヒポ号にはまだ何かあったはずだ。
ナイフより強力な……。
ウッウッ

カチ
あ、あった！

グイ

サッ

よーし、これでもくらえ！
ピシュン
ピシュン

レーザーじゃ
ないか！
ウン！　手術用だけど、
カビくらいならやっつけられるよ。

流石はジオだな！
ガバッ
これくらい
朝飯前だよ！

ニュル
ニュル
グイ
まだ油断
出来ないぞ！
来るなら来い！
僕の実力を見せてやる！
12時の方向から
来るぞ！
ピシュン
ピシュン
後ろからもだ！

いいぞ〜。
流石はノウ博士だ！
ヒポ号って
最高だな！
タラッ
さっきまで
悪口言ってたのに。

他にも何かあるんじゃ
ないのか？

パッ
え、
何をしたの？
電気が消え
ちゃったよ。

あれ？　すぐに
点いたぞ？
パッ
あれ？
さっきより空気
キレイになってるよ。

空気清浄器が
作動したんだ！
さっき押したのはリセット
ボタンだったのか！
ブォーーン

カビ臭いのも無くなったね。
クン
クン
ああ。すっかりキレイになったらしい。

フウ。やっと一息つけるよ。
ドサッ

ああ、助かった。

実は、さっきは言えなかったんだが……。
ポリ
ポリ
あのカビの中には、ヒドい中毒の原因になるスタキボトリスと言うカビもいたんだ。

え？ スタ……、何だって？
スタキボトリス！
スタキボトリスは中毒症状を起こす毒を持ってるから、子供や病人は注意しなければいけないんだ。
ハハ

何でもっと早く言わないの？スッゴく危険だったんだろ？
クワッ

すぐにココから出よう！何で復元装置が動かないんだ？
カチカチ

そんなに危険なカビの中にいたなんて！ヒポ号を分解するようなカビもいるかもしれないじゃないか！
プンプン
そんなに長い時間じゃなかったし、ヒポ号は人体探検用だから頑丈なんじゃないのか？
タラ

そうか！
この前は、胃酸にも耐えられたんだっけ。

胃酸はすごく強力な酸性物質なんでしょ？
そうだな。胃酸に耐えられたなら、カビの酵素にも溶けずに耐えられるハズだ。

じゃあ、
カビ毒にさえ
気をつければ
いいんだね？

それはそうだが……。
ヒポ号の状態が
正常じゃないのが
不安だな。

今はまだ安心だが、このままずっと
酵素を出されたら……。
ウギャ～！
やっぱり
心配だね。

ダメだ～。
このまま放って
おけない！
そうだ。僕は何も
見なかった。
フゥ
ワ～

今はこんなこと
してる場合じゃ
ないだろ！
落ち着け。
このまま
放っておけ！
シャワー室
ウロ
ウロ

何だか体が痒く
なってきたぞ。
何とかしな
きゃ……。
ツカ
ツカ

ガチャ

ガサ
ガサ
チョウ先輩は
結構キレイ好きだった
ハズなのに……。

待てよ。もしかして、
微生物の研究のために
ワザとやってるのか……？

ガチャ

あった!!

何？
ジオ、
１つだけ
言っておきたい
ことがある。
キリッ
キョトン

カビがどれほど
ありがたい
存在である
ことか……。

それ、
どう言うこと？
もしもここから
出られなくなっても、
カビのせいだとは
思わないでくれ！
ポン

もちろん、今俺たちは
危険な目にあっているが、
こんなにも有益なカビをただの
悪者にしておくワケにはいかない。
そう思わないか？
クウ～

1928年、イギリスの細菌学者
アレクサンダー・フレミングが、
青カビから最初の抗生剤ペニシリンを
発見してたくさんの人の命が救われた。
最近ではカビから農薬が作られ害虫を
退治出来るようになったんだ。
タラ

カビのせいにはしてないよ！勝手にヒポ号に乗って危険な目にあわせてるのは、全部先輩のせいだろ？
クワッ
そ、そうだな。
ビクッ

ニュル
ニュル
ウョ
ウョ

ちょっと目を離すとこれだ！

これでもくらえ！
ピシュン
ピシュン

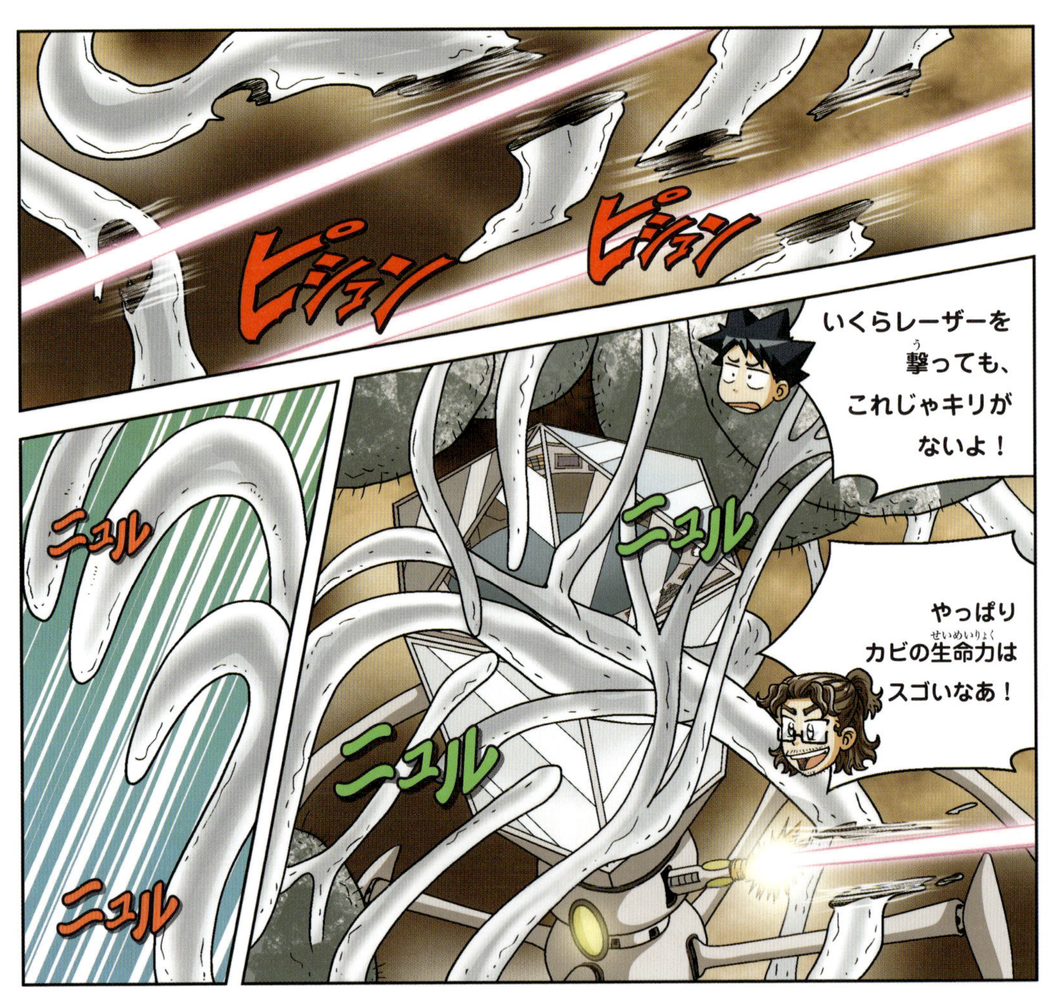
ピシュン
ピシュン
いくらレーザーを撃っても、これじゃキリがないよ！
やっぱりカビの生命力はスゴいなあ！
ニュル
ニュル
ニュル
ニュル

エエッ、エネルギーがないのか？
ビー
ビー
ビー
何だって?!

もう！　どっちの味方なの？
グイ
グイ

あの、ドアが開きさえすれば……！
外に出てないから、ソーラーパワーが無くなったんだ！
チカ
チカ

ビー
ビー
ビー

シャワー室
ガチャ
サッ

パアッ

グイーン

エネルギーが充電し始めたよ！
ジ〜ン
ケイが戻ってきてくれたおかげだ！

モゾ
モゾ
あれは何なの。あれもカビなの？

シュッ
シュッ
僕が全部キレイにしてやる！

あれは今個人的に
研究中の物なんだ。
微生物を利用して、
毒や悪臭を無くそうと
考えているん
だが……。
有益な
微生物
フン！
一緒に
やろう！
有益な
微生物
有害な
微生物

微生物を微生物で
除去するんだ。
ヘエ〜
いい微生物で
悪い微生物を退治
するんだね？

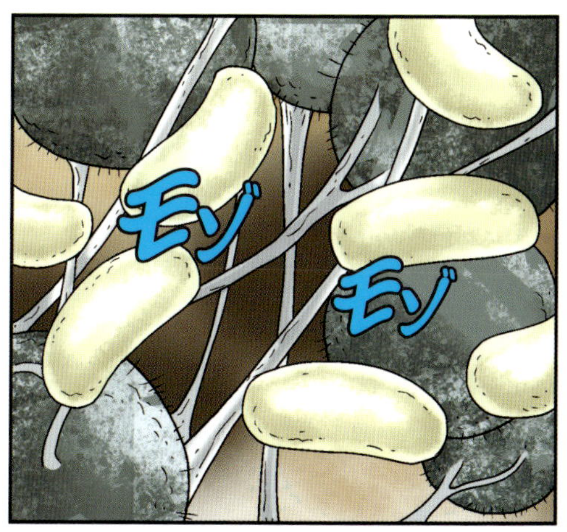
モゾ
モゾ

あ〜あ。
う〜ん。うまく
いかないようだな。
ガッカリ

これ、
本当に洗剤
なのか？
何の効き目も
ないぞ？
ダラ〜

モゾ
モゾ
ニュル

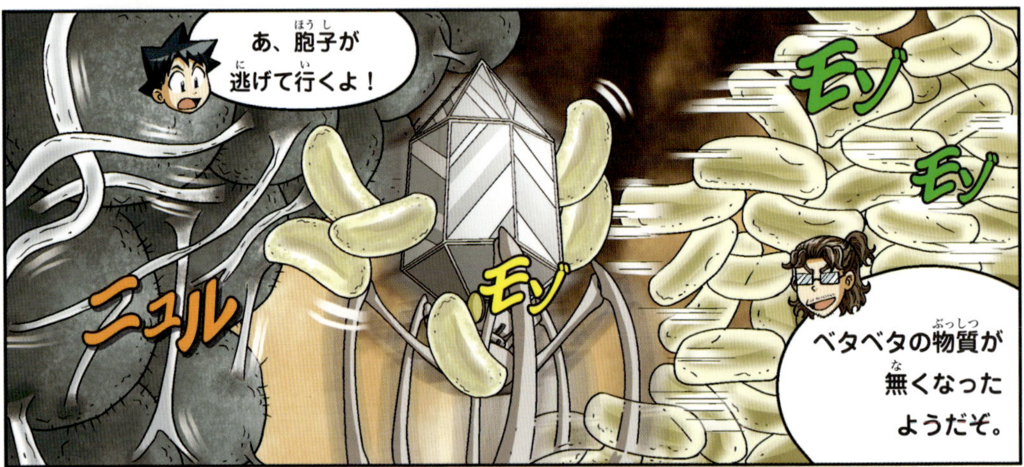
モゾ
モゾ
あ、胞子が逃げて行くよ！
ベタベタの物質が無くなったようだぞ。
モゾ
ニュル

ブォ～

上手くいけば、抜け出せそうだよ。最大出力で出発しよう！
ああ。チャンスを逃すワケにはいかない。

最高速度でケイに
向かおう！
これで脱出
出来るね！

何の効果もないぞ。
振りかければいいん
じゃないのか？

ウッ

もう知るか。
カビなんか
見るのも
イヤだ！
ポイ
ポイ

これが最高出力なんだ！
グィ
グォーーッ
早く、急いで！

カクーン

ブオーーッ

突然止まったぞ！
どうしたの？
クル

ガタ
ガタ
ウワッ！

2度と来る
もんか！
シャワー室
バタン

キラッ

パッ
ウワア～！
な、何だ、
こりゃ?!
やっと
戻れた！
ハー
ドテッ

ありがたい微生物

細菌やカビは人や動植物に病気などの被害を与えますが、微生物の中には薬やエネルギーの原料として有益に使われている物もあります。

医薬品になるカビと細菌

アレクサンダー・フレミング
（1881～1955）

イギリスの細菌学者、アレクサンダー・フレミングは研究のために傷に感染する細菌、黄色ブドウ球菌を培養していました。この時、偶然青カビが入ってしまった培養シャーレで、フレミングは青カビの周囲の黄色ブドウ球菌が死んでいるのに気付きました。これを見て、青カビから細菌を殺す物質が出ていると考えたフレミングは、青カビから抗生物質であるペニシリンを発見したのです。彼はペニシリンが肺炎菌と炭疽菌などの伝染病を起こす病原菌にも効果があることを突き止めました。その後、ハワード・フローリーとエルンスト・チェーンがペニシリンを大量生産するのに成功しました。

これ以後、カビを基にした様々な抗生物質が開発されました。現在、広く使われている抗生剤の１つであるセファロスポリンはセファロスポリウムと言うカビから発見されました。また、1944年には、土の中にいる細菌の放線菌から、結核に効果のあるストレプトマイシンという抗生物質が発見され、それまで有効な手立ての無かった結核治療に大きく貢献しました。

青カビと細菌　青カビによって細菌の細胞壁が溶けて、細胞液が流れ出て死んでいる。細菌の数が増えるのを抑制できる。

植物を守るカビ

化学的な農薬は、効果はありますが長期的には環境を汚染してしまいます。それに代わるものとして登場した生物農薬は、天敵の昆虫や微生物を使って害虫や雑草を取り除くものです。例えば、昆虫に病気を引き起こすカビ類（昆虫病原糸状菌）は害虫駆除に用いられます。また、ヤマトクサカゲロウの幼虫はアブラムシを食べるので、生物農薬としてアブラムシの駆除に効果がありエコな農業や花の栽培などに使われています。一方、カビを攻撃するカビもいます。うどん粉病菌に寄生するバチルス・ズブチリス剤はカビを使って農作物のうどん粉病を抑制しています。

エネルギーを生み出す酵母

石油などの化石エネルギーが底をつくことに備えて、世界では石油に代わる代替エネルギーを開発しようと努力しています。そのうちの１つが酵母を使ったバイオエタノールです。バイオエタノールは、トウモロコシやテンサイ、麦、稲ワラなどから抽出したブドウ糖を、酵母で発酵させて作った物で、これをエネルギー源として使うことが出来ます。バイオエタノールは、再生可能エネルギーとして注目されていますが、食料を原料にすることを問題視する人もいます。

トウモロコシを使ったバイオエネルギーの生産過程

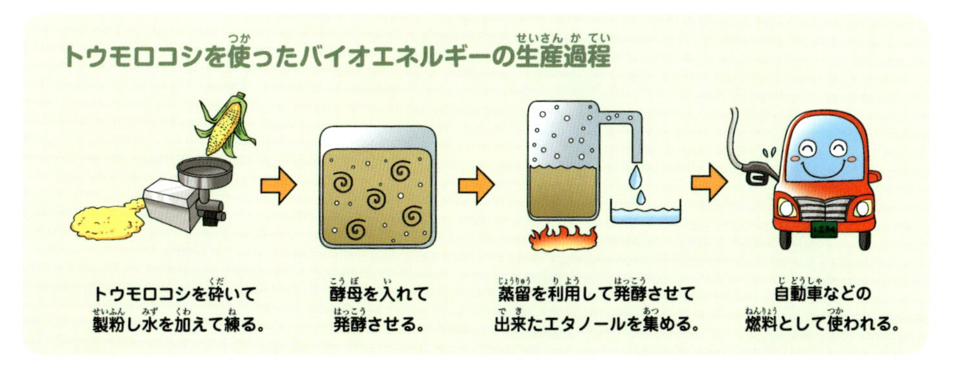

9章(しょう)
終(お)わらない探検(たんけん)

また小さくなることは出来ないか？
まだ見てない微生物がたくさん
あるんだ。
何言ってるのさ？
やっとのことで
助かったのに！

それは
そうだが……。

うん？

待てよ。
今出たら
ケイが……！
オド
オド
ケイが？

早く出ようよ。
また小さく
なりたいなら、
ノウ博士の
研究室で……。
カチャ

ゲッ
ケイ！
グッタリ

プル
プル
そうか。ケイに向かって飛んでたんだっけ！

だ、大丈夫？

フラ〜

ハハ
良かった。どこも怪我は無さそうだね。

ごめん、ごめん。
復元装置が突然作動しちゃって。

ジオ、こっちだ。ここを閉めるぞ！
ヒョイ
で、でも……。

ウッ

ジオ、お前は後だ。
メラ
メラ

ああっ。ケイが！
ガシッ
覚悟はいいか？
チョウ先輩！
ケ、ケイ！
さっさと降りて来てくださいよ！
パッ
パッ
待て。落ち着いて俺の話を聞いてくれ！

先輩！何てことをしてくれたんですか！
パッ
パッ
悪かった！本当に、こんなつもりじゃなかったんだ。

嘘ばっかり。カビみたいなヤツめ！
ケイ、待って。落ち着いてよ！
カビみたいなヤツ？それって褒め言葉だよな？
サッ

ジオ、カビがどれほどありがたい存在なのか、話してやっただろ？
いい加減にしてよ。こんな時によくそんなこと言えるね！
ウッ

ジオ、お前も同罪だぞ！
クワッ
グスン
僕は騙されて連れて行かれたんだよ〜。

グイ

マツタケをやっただろ？あれもカビのようなものだって知ってるか。だから、怒らないでくれよ〜。な？
逃がしませんよ！
プル
プル
ハハ

そうさ。言わなかったか？
マツタケがカビのようなものだって？
キノコとカビは仲間なんだ。

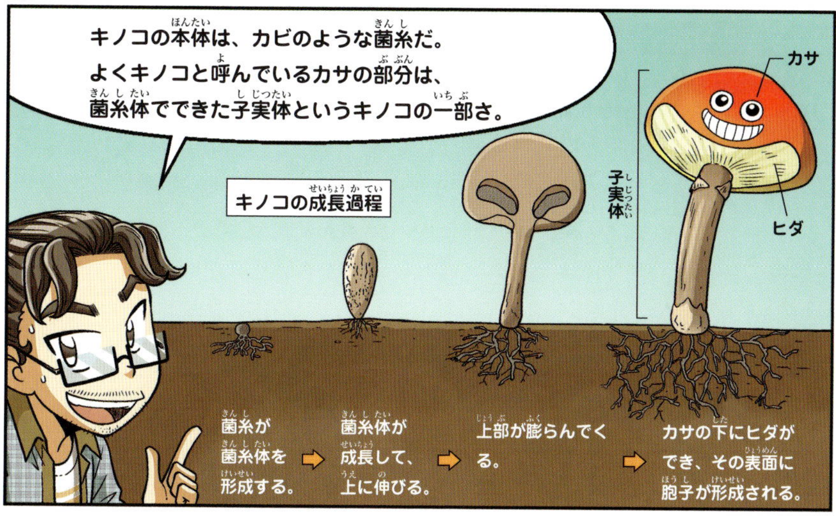
キノコの本体は、カビのような菌糸だ。よくキノコと呼んでいるカサの部分は、菌糸体でできた子実体というキノコの一部さ。
キノコの成長過程
カサ
ヒダ
子実体
菌糸が菌糸体を形成する。
菌糸体が成長して、上に伸びる。
上部が膨らんでくる。
カサの下にヒダができ、その表面に胞子が形成される。

え、そうなの？

ケイ……。
話をそらそうとしても無駄ですよ。先延ばしにするのはやめて、さっさと降りてノウ博士の所に行きましょう。死ぬほど怒られてください。

ギロッ
ジオ、お前もだぞ！

何で僕まで？

しらばっくれるな！探検と聞いて、喜んで付いて行ったんだろう？見てなくても分かるんだぞ！
違うよ。始めは本当に止めたんだ！　でも、チョウ先輩がしつこく誘ってきて……。
ジオの言う通りなんだ……。

ノウ博士にちゃんと説明したら許してくれないかな？世界を変えるような、スゴい微生物を探しに行ったんだよ？
そうだよね、先輩？
そ、そうとも！

ウヒャヒャ
許す？
そんなハズあるか！

ノウ博士は、2度とヒポ号には触らせないと言ってたぞ！
もう、バレてるのか？
ギクッ
エエ？ じゃあ、本当に怒られるしかないの？

フー

ワシの許しも得ずに、ヒポ号に乗って逃げただと？

ジオ、お前はワシの研究室に立ち入り禁止じゃ。永遠にな！

そんな～。じゃあ、もうサバイバルが出来ないじゃないか！
博士～。お願い、許して～！
ワーン

どうしてくれるの？　全部先輩のせいだよ！ノーベル賞とか何とかもみんなウソなんでしょ?!
い、いや！ウソじゃないぞ、ジオ。新しい微生物を探すのは、本当に大事なことなんだ。

もう聞きたくない！
ウワ〜ン

とにかくヒポ号から降りるんだ。博士が2人を連れてこいと言ってるから。
よ、よせ〜！
グイ
ウッウッ
僕は無実だよ〜！

イヤだ〜。俺は絶対に降りないぞ〜！
往生際の悪い先輩だな！
グイ

微生物研究所

キィッ

さあ、着いたわよ。
キャン
キャン

カチャ

疲れた？すぐに良くなるからね。
ペロ
ペロ

もう先輩は戻ってるかしら？

手を放して！
ギャイ
ギャイ
せっかくのチャンスなのに、
このまま帰れないよ～。

いくらわがまま
言ってもどうしようも
ないですよ！
ジオ、お前も
早く手伝え！
ウ、ウン。

ケイも僕のこと、
信じてくれる
よね？
先輩、とりあえず
ここから出てノウ博士に
謝ろうよ。ちゃんと
許してもらってから、
探検すればいいじゃない。
あ、僕は止めたって
言い忘れないでよ？
ウ～ン
エグ
エグ

なら、なぜ一緒に
行ってたんだ？
僕に電話する
ことだって出来た
だろ？
ギロ

このまま博士に
会ったら、俺は
おしまいだ！
ワ〜ン

いい加減にして
くださいよ！
まあまあ、これからは
ちゃんと言うこと
聞くからさ〜！
グイ
ポン
ポン
ウ〜！

とりあえず博士には、
ヒポ号を見つけたと
連絡しよう。
じゃあ、何でウソ
なんかついたの？
今ならまだ
逃げられる！

ヒョイ
あら、
開いてるわ。

ウワッ！
ピョン
危ないじゃない！
何するんですか！

ウワーーー！
先輩！

あっ、
テリーが！
ピョン
ケイ、早くここを
開けてよ。怪我してる
かもしれないよ。
閉まっちゃった
じゃないか！
バタン

「微生物のサバイバル1」終わり。
「微生物のサバイバル2」もお楽しみに！

微生物のサバイバル1

2017年３月30日　第１刷発行
2022年10月30日　第11刷発行

著　者　文　ゴムドリ co.／絵　韓賢東
発行者　片桐圭子
発行所　朝日新聞出版
〒104-8011
東京都中央区築地5-3-2
編集　生活・文化編集部
電話　03-5541-8833（編集）
03-5540-7793（販売）

印刷所　株式会社リーブルテック
ISBN978-4-02-331574-7
定価はカバーに表示してあります

落丁・乱丁の場合は弊社業務部（03-5540-7800）へ
ご連絡ください。送料弊社負担にてお取り替えいたします。

Translation：HANA Press Inc.
Japanese Edition Producer：Satoshi Ikeda
Special Thanks：Noh Bo-Ram / Lee Ah-Ram
(Mirae N Co.,Ltd.)

読者のみんなとの交流の場、「ファンクラブ通信」が誕生したよ! クイズに答えたり、似顔絵などの投稿コーナーに応募したりして、楽しんでね。「ファンクラブ通信」は、サバイバルシリーズ、対決シリーズの新刊に、はさんであるよ。書店で本を買ったときに、探してみてね!

おたよりコーナー 1

ジオ編集長からの挑戦状

みんなが読んでみたい、サバイバルのテーマとその内容を教えてね。もしかしたら、次回作に採用されるかも!?

例 冷蔵庫のサバイバル
何かが原因で、ジオたちが小さくなってしまい、知らぬ間に冷蔵庫の中に入れられてしまう。無事に出られるのか!?(9歳・女子)

おたよりコーナー 2

キミのイチオシは、どの本!?

サバイバル、応援メッセージ

キミが好きなサバイバル1冊と、その理由を教えてね。みんなからのアツ〜い応援メッセージ、待ってるよ〜!

例 鳥のサバイバル
ジオとピピの関係性が、コミカルですごく好きです!! サバイバルシリーズは、鳥や人体など、いろいろな知識がついてすごくうれしいです。(10歳・男子)

おたよりコーナー 3

ピピが審査員長! 2コマであそぼ

お題となるマンガの1コマ目を見て、2コマ目を考えてみてね。みんなのギャグセンスが試されるゾ!

例 お題
井戸に落ちたジオ。なんとかはい出た先は!?

地下だったはずが、なぜか空の上!?

おたよりコーナー 4

みんなが描いた似顔絵を、ケイが選んで美術館で紹介するよ。

例

上手い!

みんなからのおたより、大募集!

❶コーナー名とその内容
❷郵便番号
❸住所
❹名前
❺学年と年齢
❻電話番号
❼掲載時のペンネーム(本名でも可)

を書いて、右記の宛て先に送ってね。掲載された人には、サバイバル特製グッズをプレゼント!

●郵送の場合
〒104-8011 朝日新聞出版 生活・文化編集部
サバイバルシリーズ ファンクラブ通信係

●メールの場合
junior@asahi.com
件名に「サバイバルシリーズ ファンクラブ通信」と書いてね。

※応募作品はお返ししません。※お便りの内容は一部、編集部で改稿している場合がございます。

ファンクラブ通信は、サバイバルの公式サイトでも見ることができるよ。

科学漫画サバイバル 検索